难道一切都是我的错吗？

重构你的家庭亲密关系

李松蔚 著

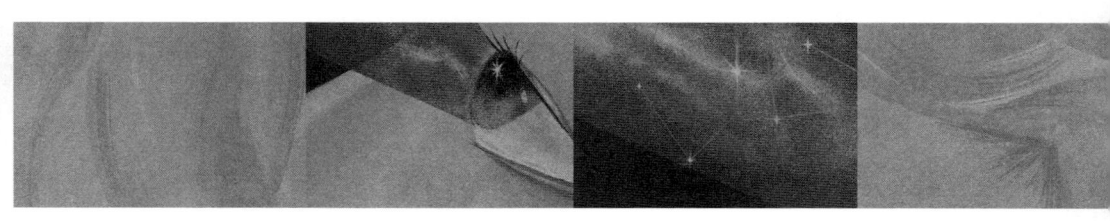

中国华侨出版社
北京

图书在版编目（CIP）数据

难道一切都是我的错吗？：重构你的家庭亲密关系 / 李松蔚著. —北京：中国华侨出版社，2017.10
　　ISBN 978-7-5113-7254-3

Ⅰ.①难… Ⅱ.①李… Ⅲ.①心理学—通俗读物 Ⅳ.①B84-49

中国版本图书馆CIP数据核字（2017）第299778号

难道一切都是我的错吗？：重构你的家庭亲密关系

著　　者：李松蔚
出 版 人：刘凤珍
责任编辑：付改兰
经　　销：新华书店
开　　本：880mm×1270mm　1/16　印张：15　字数：160千字
印　　刷：三河市文通印刷包装有限公司
版　　次：2018年7月第1版　2018年7月第1次印刷
书　　号：ISBN 978-7-5113-7254-3
定　　价：49.80元

中国华侨出版社　北京市朝阳区静安里26号通成达大厦3层　邮编：100028
法律顾问：陈鹰律师事务所
发 行 部：（010）82068999　　传真：（010）82069000
网　　址：www.oveaschin.com
E-mail：oveaschin@sina.com

未经许可，不得以任何方式复制或抄袭本书部分或全部内容
版权所有，侵权必究
如果发现印装质量问题，可联系调换。质量投诉电话：010-82069336

目 录
CONTENTS

1 / 认知误区：
你是否自己主动选择了不幸

我不应该被如此对待 _003
　　某种意义上，越能展现出不幸的人，就越有力量。

"我是抑郁症，你帮不了我" _009
　　我们用标签给自己制造了一个怪圈。

那些道理很好，但我只是在吐槽 _016
　　"心理学的理论总给人一种站着说话不腰疼的感觉……"

"不是你的错，你干吗还不走出来呢！" _024
　　想一想自己能做什么，未必真的能做到什么，但这种态度会让世界变得稍微好一点儿。

你不面对它，不等于它不存在 _032
　　通过黑色的想象，我们改变的是一个人在现实中的心态。

痛苦是无法掌控的 _037
  我们常常不愿意接受这个真相。

我管不住孩子玩游戏，所以游戏公司该替我管 _043
  不要指望每一样有趣的东西，都能自觉地给自己增加一个"防沉迷系统"。

2

关系视角：
人的烦恼皆源于人际关系

分清你和我，不等于不管你死活 _053
  课题分离跟"不顾别人感受，我行我素"完全是两种活法。

"怎么可以有这种人？" _062
  你有你的期待，而别人有别人的行事逻辑。

如何正确安慰一个倒苦水的人 _069
  我们听着，赞同、安慰，但是绝不把它看成是对我们的召唤。

你的好心指点有时会适得其反 _076
  创造一个纯粹留给对方的空间，在这个空间里他是自由的，只有真实的反馈需要面对，而没有谁规定他必须"怎么做"。

不评价的交流方式是怎样的 _081
  通过不带有评价的交流，我们在做一件事：描述经验本身。

人自私一点儿，未必对别人没有贡献 _087
  你发现他自私的一面，也许反而更好。

3 / **亲密困境：**
你是否缺乏获得幸福的勇气

"凭什么每次让步的人都是我？" _097
  对亲密的依赖和恐惧让我们彼此靠拢、彼此伤害，又彼此珍惜。

回一次家受到一万点伤害？ _101
  每个人都局限于自己的立场当中。

别人说的，可能是真的，也可能是在哄你 _110
  我对别人的感知，由我做主。

有时候，"不靠谱"的父母也很重要 _118
  我们用怎样的态度来面对错误，是付之一笑还是事事计较，也许会传递出不同的力量。

放轻松，不过是在孩子面前吵个架而已 _124
  一旦我们吵架了，破碎的也是我们的自恋感。

为了孩子，好好离婚 _132
  孩子的成长，永远离不开两个人的共同参与。

4 / **育儿观察：**
请把孩子当作与自己一样的人

孩子的需要，并不是世界上唯一的需要 _143
  有了孩子，我还是我自己，我一直都是我自己。

一个孩子的"网络成瘾" _151
　　想办法也没有用，反正孩子也不会听。

成人的规则与儿童的江湖 _155
　　小朋友的人际关系根本是一个野蛮生长的无序世界。

育儿文章说得很对，但你最好不要看 _161
　　学会对"改变"这件事心怀敬畏，尊重生活中那些"错误"。

未来社会，孩子最需要的心理品质是什么？ _165
　　跟你无法控制的世界相处。

孩子的问题越来越严重，恰恰是因为你的重视 _176
　　"悖论干预"是一种极高明的干预手段。

就算看不惯别人家的育儿方式，也可以允许它先存在着 _184
　　彼此不同，但谁也不比谁更优越。

5 / 家庭系统：
家庭当中发生的每一件事都是合谋

确定的一代和不确定的一代 _195
　　我不需要抱着"唯一正确"的生活方式来应对生活本身。

我们真的可以挣脱原生家庭吗？ _200
　　"代际传递"，我们可能意识不到我们身上有多少东西来自父母。

我们能帮孩子制造"主动性"吗？ _206
  孩子主动做什么，只能听从孩子本身。大人唯一能管好的只有自己。

我压根儿就不信"丧偶式育儿"那一套 _216
  如何让家庭重新"发现"父亲的存在？

孩子有分离焦虑，大人也有分离焦虑 _224
  焦虑背后，都隐藏着一种失落。

1

认知误区：
你是否自己主动选择了不幸

▷ **我不应该被如此对待**
　某种意义上，越能展现出不幸的人，就越有力量。

　　关于霸凌事件的讨论，最让人欣慰的一点，就是很多曾经有过类似遭遇的人站出来发声。有的人说，我活了几十年，从来不敢把这件事告诉别人。直到今天，才觉得可以说出来了。这是他们的成长，也反映了风气的进步。
　　一个没有纷争伤害的社会，当然是理想世界。但是，如果不可避免地还是会被伤害，而受害者不需要过了几十年才敢讲出来，而是在事件发生当时，就知道自己受委屈了，立刻找人求助，向人倾吐，这也是一种进步。
　　最起码，受害者知道"我不应该被如此对待"。

一

这是最近想到的一个角度。

由于职业的原因，我常年打交道的都是各种不如意的人。他们的生活充满了各种的烦恼与不幸。从一个角度来看，这些人相信自己是低人一等的"弱者"。但是换一个角度，一个人把自己的不幸讲出来，多少也证明了他的底气和信心。能看见自己的"不幸"，意味着他们对生活是充满更高期望的。

我总是问他们："你们是怎么想到来做心理咨询的呢？"

他们的回答五花八门，但核心都包含了一个意思，就是他们意识到，这不是他们想要的生活，他们不能再这样下去了。不光是意识到这一点，有的人说，他们已经忍受了许多年，但几乎没有改变的念头，是因为他们并不相信那是可以改变的——他们带着痛苦来求助，说明他们终于攒足了挑战痛苦的勇气。

看到这一点，会让人在同情之余感到振奋。我再问他们："是什么让你在最近有了这种勇气呢？"他们会告诉我，他们终于开始相信，一切可以变得更好。某一些事情让他们获得了力量，他们开始允许自己设想更好的可能性。

二

在农村，我曾经为一些处于底层的人提供过福利性质的咨询服务。但这些人反而坐立不安，找不到想谈的主题。某种意义上，真正不幸的人感知不到自己是"不幸"的。生活不就该是这样吗，有什么可抱怨的呢——抱怨，说明他清楚更好的生活是什么样。我认识一个山西人，他说："在我家，空气乌黑乌黑的，我们从来也不觉得有什么。这几年，才知道原来那就是雾霾啊！"

面对苦难，承认苦难，是走出苦难的第一步。

孩子被打了，是一个悲剧。被打了之后能够向父母哭诉，是不幸中的万幸。凭这一点，说明孩子心中清楚自己不应该受气，而且相信父母可以为自己撑腰。有的父母一听说孩子被欺负，第一反应就是："你怎么这么懦弱？给我打回去！"久而久之，孩子不会再向他们求助。有的父母说："哭个屁，哭能解决问题吗？"孩子就不会再哭。能让孩子哭出来，是父母送给孩子的礼物。

某种意义上，越能展现出不幸的人，就越有力量。

哭诉的声音，听起来很弱势，人人都心疼。但弱不是绝对的。老子就提出过，柔弱胜刚强。一旦呈现出弱势，天平就开始倾斜。公众听到哭声，知道世间有了不平；父母听到哭声，心疼孩子受到了委屈，要求施害者付出代价。要求得不到满足，于是掀起舆论风暴，反而吓得打人的孩子一时不敢出门。

这是以弱胜强的例子。在这种情况下,弱是另一种"强"。

三

逢人就抱怨自己被欺负的人,我们常常不易觉察其强势的一面。有的老太太到处说,在家被儿媳妇欺负,"你看,被她气出了一身病"。外人都同情地叹息,帮着一起讨伐儿媳。殊不知就在这一刻,强弱之势已经逆转。

在做家庭治疗的时候,有时会听到老人的抱怨。每天含辛茹苦、任劳任怨,儿子、媳妇还不领情。我对老人说:"这对您真是太不公平了。"

"算了,"老人擦着眼泪,"说了也没什么用。"

她的儿子、媳妇闷闷地坐在旁边,尤其是媳妇,脸色铁青。

"也许您会想,以后不要对他们这么好了。"

"那倒不会,不管儿女孝不孝顺,我毕竟是他们的母亲。"老人叹气。

"您设想一下,如果您不对他们这么好,会怎么样?"

"那他们就等着吧,下班回家都吃不上一口热的。"

儿子、媳妇想说话,被我阻止了。

"所以您有办法让他们尝到苦果。那您呢?"

"我?"老人说,"我轻松得很。大不了回老家,还不用这么累。"

儿媳妇几乎忍无可忍了,我知道她想抱怨的是什么。我对老人说：“所以您是有办法让自己不受伤害的，但是您选择了更伟大的一种方式。”

"是这样。"老人的腰板挺直了几分。

她以为自己是一个受害者，直到她意识到，满把的权利都在自己手里。

四

小孩子也是一样。

他们常常抱怨大人对自己不好，但是抱怨本身就是他们有力量的证明。

我女儿就常常感到委屈："每天睡觉，都要被你吼！"

她半夜还在床上蹦来蹦去，我忍无可忍的时候，就会动用父亲的权威。

我问她："你知道为什么每天爸爸都会吼吗？"

"为什么？"

"因为爸爸吼了，你也不听啊。"

她吐了吐舌头，笑了："那倒是。"

江湖规律，从来都没有绝对的弱和强。弱势一方，往往隐含另一面的强势。只要他能抱怨自己的委屈，就说明他相信人世间还可以更美好，自己有权抗争。今天你打败了我，明天我就以另一种方式找回场子。孩子间的冲突多数属于这种，你打了我，我去告诉老师，求助家长。这种冲突是正常的冲突，虽然也会伤人，但不足以称为"霸凌"。真正被霸凌的孩子，已经相信被损害是常态。不哭，也不怨，默默地把它作为生命的底色承接下来。这才是更大的麻烦。

想明白这一点之后，再听到哭声，就会多一层感受。虽然也同情对方遭遇的不幸，但总算知道这个人对自己的处境并没有彻底绝望。

我有时很羡慕那些能哭出来的人。允许自己感到伤心，未尝不是一种福气。人在受到突如其来的伤害时，伤口是没有感觉的，等开始感觉到疼了，说明已经从最痛的时刻缓过来了。然后才能伤心，才能哭，才能找人求助。

哭是一种奇妙的本领，它代表对痛苦的正面认识。既有对美好事物的缅怀，也隐含着对未来的期待。一个人在痛哭的时候，他在用自己的方式争取一次喘息，固然痛苦，但他消化完痛苦的味道，就可以继续上路——有时候旁人会无谓地卷入。一听到哭的声音，就难以自拔，感到苦难深重，恨不能立刻施以援手。殊不知我们的这种冲动，本身就证明了哭声是有力的资源。

▷ "我是抑郁症，你帮不了我"
我们用标签给自己制造了一个怪圈。

一

一个来访者给我讲她的故事。

她来自农村，小时候家里很穷，是那种饭都吃不饱的穷。她是家里的老大，为了照顾弟弟妹妹，小小年纪就辍学了，去打工挣钱，补贴家用。

家里的经济有所好转，是她十七八岁以后的事。也是从那时候开始，她染上了一种怪病，每天都怏怏的，跟谁都不想说话，工作也不想做，连饭也不想吃，常常会莫名其妙地流泪。这样的状况持续了好多年，她一直不知道自己怎么了。直到她结婚以后，住进婆婆家，婆婆听说了她的情况，告诉她：这一定是营养不良导致的。

婆婆建议她多喝汤。公婆是广东人，每顿饭都要煲汤，吃饭之前先喝一碗热热的汤。这么连着喝了一两个月，这个姑娘感觉状态大有改善，头不晕了，人也有精神了，也爱说笑了。

梦魇就这么结束了。又过了好几年，姑娘才第一次听到"抑郁症"的说法，一开始没细想，后来听说那些症状跟自己几年前一模一样，敢情自己得的就是抑郁症啊——这是后话。她找我做咨询的时候，已经是两个孩子的母亲了。一个儿子被医生诊断为抑郁症。这个母亲并不知道怎么治疗，但她尝试着使用当年的经验来帮助孩子。可惜，儿子并不认为自己每天喝汤就可以有所改善。

"你怎么就不能理解呢！"儿子说，"我得的是一种病，不是缺乏营养。"

母亲反复强调自己也有从"抑郁"走出来的经验，儿子只是摇头："你那个肯定不是抑郁，抑郁不可能通过喝汤治好。"母亲发现没法说服孩子，转而向我求助："我当时只是没上医院，但您说，我是不是就是抑郁症？"

我不知道该怎么回答。

我虽然不是医生，但凭我有限的一些知识，我猜测，以她当时的状况，换到今天的医院里，很可能是会被诊断为抑郁症的。而另一方面，我不会因为这一个诊断，就主张抑郁症可以靠"喝汤""加强营养"的方式治疗。

她的康复，最简单的解释是巧合。有时候，抑郁可能会自然而然地好转，契机可以是任何事情。而我个人更愿意相信的一种解释是，对当时那个姑娘而言，结婚，加入一个温暖的家庭，被关心照顾，这些事情本身就有积极的疗愈作用。同时，还有一个关键因素，就是当时还没有"抑郁症"的概念。

二

缺乏这个名词，人们意识不到那是一种很危险、很痛苦的疾病，会导致很多风险，但居然也有一点好处，就是心态可以很平和。

在生活中，我们也会遇到这种状况：有些头疼脑热，原本可以容忍，某一天忽然想：哎！这是不是一种病？然后越想越怕，就去百度，去看医生。如果是身体上的疾病，医生还可以给一些诊疗意见；如果是心理上的"病"，有时就连医生也给不出说法。有的父母看孩子不爱跟外人说话，担心有社交障碍；注意力不集中，怀疑是多动症；每天按固定的方式排列玩具，是不是有强迫症的影子；更不用说每个孩子都爱磨蹭，多半是"拖延症"的前兆。就算医生没有给出诊断，父母也会提心吊胆，因为头脑中形成了"病"的概念。

虽说小心驶得万年船，但未必完全是好事。

当我们给自己或者别人贴上"病"的标签时，我们就会在生活中时刻警惕任何跟它有关的征兆。警惕的另一面，其实也是加倍的敏感。一方面是害怕出问题，另一方面却又强化了发现问题的视角。无论是想证明"并没有这个病"，还是想证明"真的是这个病"，究其本质，"这个病"已经存在了。我们不知不觉已经沉浸在"这个病"的语境里来谈事情——标签固化了我们看问题的视角。

三

"你儿子学习成绩怎么样？"

"以前还不错，就是得了抑郁症以后，成绩滑坡很厉害。"

"他有朋友吗？"

"好像没有，他抑郁的时候不想跟人说话。"

"做什么事情会让他高兴一点儿？"

"都抑郁了，还怎么可能高兴得起来！"

"他今后有什么打算？"

"先治病，把病治好再考虑今后的事。"

我们的注意力会被标签吸引，有时会因此变得褊狭。

"补充营养，对病情会有一点儿好处吧？"那个母亲始终执着于此。

她儿子愤怒地看着她："可是我不缺乏营养！"

"我知道，我只是想试一试……"

但她并不是真的知道她和儿子是在完全不同的环境里成长起来的。对两个人来说，喝一碗汤的意义大不相同。二十年前是慈爱和关照，二十年后则是徒劳的迷信。这是一个如此明显的事实，然而贴上"抑郁症"这个标签之后，她看到的就只有"喝汤曾经治好过我，万一它也对儿子有点儿用呢"。如果她稍微多看一点儿，也许可以看到儿子这个人，而不只是喝汤和治病。

"你愿意跟我讲讲你自己吗？"我问她儿子。

他是一个十几岁的中学生，瘦瘦的，坐在长沙发的一角，刻意与母亲保持着距离，低头缩肩，两只手相互搓来搓去："我，我得了抑郁症……"

"我知道你得了抑郁症，我想听你说更多。"

他畏缩地看我一眼："说什么？"

"如果没有'抑郁症'这个词呢？你会怎么介绍自己？如果'抑郁症'这个词没有被发明出来，就像你妈妈年轻时一样，你会怎么介绍你现在的情况？"

他想了想："我不开心，我什么都不想做。"

"假如你遇到了年轻时的妈妈，她说，我们的情况一样，你会怎么想？"

男孩摇了摇头，看着他妈妈："不一样。"

"怎么不一样？"

"我得的是抑郁症，她不是。"

他也离不开"抑郁症"这个词了。

"我就是抑郁症。"母亲立刻跟了上来。

"如果没有'抑郁症'这个词呢？"我打断了他们，"她说她得了一种怪病，没有力气，不开心，你也得了一种差不多的怪病，你们哪里不一样？"

男孩低下头，开始哭。

"她的病可以治好，我的病治不好。"他边哭边说。

"你怎么知道治不好？"

"因为……"男孩说，"我知道它是抑郁症啊。"

我们用标签给自己制造了一个怪圈。在这个怪圈背后，母子双方真正想表达的是：儿子不愿意面对无休止的病痛，强调自己正处于孤立无援的绝境，而母亲为了让儿子相信一切还有希望，否定了儿子的感受。双方都急于下一个确定的结论，于是形成了"抑郁症"的标签。但也因为这一张标签，本来可以好好沟通的母子双方，只能在这一张标签上徒劳地争论，而无法真正看到彼此。

儿子在绝望中的希望，母亲没有看见。

母亲在希望背后的绝望，儿子也从未理解。

四

我要做的工作，不是帮他们鉴别或治疗"抑郁症"（那是医生的事情），只是帮他们把背后的感受说出来。如果拿掉"抑郁症"这个标签，这个年轻的中学生并不确定他的未来会怎么样，他有很多让自己不安的想象。而他的母亲支持他的方式是，也许可以给他讲讲，自己当年也有过不堪面对的未来，而自己是如何一步步地走过来的。他们可以好好聊聊，而不只是煲一碗儿子并不想喝的汤。

话虽如此，我自己在生活中，常常也会因为一张这样或那样的标签，错过和别人互相认识的机会。"你不支持我？啊，你凭什么不支持我！"

这是我们常常会被标签"催眠"的地方。大部分的标签，都是我们急于下结论的一种表现。我们会用"讨厌的同事""苛刻的领导""不听话的下属"来让自己相信这些人就是这么回事。我们让自己相信孩子可能比不上别人，让自己相信家人不支持自己，让自己相信自己的人生没什么意义，过去的一年毫无长进……

而这样一来，这个人，这个人身上的各种资源，这个人过去的经历、未来的变化，所有细微的感受，所有想表达而未表达的东西，我们一时好像都看不见了——有的时候这让事情变得简单，也有的时候，让我们损失了太多。

（出于伦理限制，咨询案例有虚构成分）

▷ **那些道理很好，但我只是在吐槽**
"心理学的理论总给人一种站着说话不腰疼的感觉……"

一

我有一个朋友，也是学心理学出身，虽然不做心理咨询，但对这方面的理论一直很有心得。有一天他告诉我，他在群里跟人聊天，被气得够呛。

那是一个水群。群里有一个妈妈，孩子在小学低年级，妈妈在群里抱怨，说孩子回家不好好写作业，每天都磨蹭到晚上十一点，问大家有什么办法。

群里当爸妈的人立刻纷纷响应。

我这个朋友曾经听过我的课，里面有一个观点"别人的事由别人自己承担责任"，他很赞同，生活中他也是这么做的。他跃跃欲试，打算提醒这个妈妈，就在群里 @ 了一下她："他不做作业的时候，你在做什么？"

过了一会儿收到回复："我在旁边监督他。"

我的朋友心想：Bingo，我就知道。

他立刻在头脑里形成了一整套的理解。比如，关注即强化——你这么关注他不写作业的行为，就是在强化他的这个行为。又比如，孩子几点写完作业，这是孩子的事，你在替孩子承担责任，他自己就不需要为这事承担责任了。再比如，孩子其实是有能力写得更快一点儿的，他故意这么磨蹭，一定是为了什么。

他没有意识到，这时他已经变成一个讨厌的人了。

二

他试图把这些道理好好讲一遍。

"也许孩子就是通过磨蹭这种行为吸引你的关注呢？"

然而没什么人回应。

他又 @ 了一下提问的妈妈，重新说了一遍。

这次有回应了："对啊！那怎么办？"

朋友立刻噼里啪啦写了一大堆，发过去。那个妈妈很快回复了："感谢！很专业。"还配上了鲜花、笑脸之类的表情，然后就没有下文了。

这时候我朋友已经觉得不对了。因为在这个群里，围绕这个话题的聊天一直都在热火朝天地进行，而且这个妈妈跟别人互动得热情洋溢，远远不是对他的那种礼貌和敷衍。她是来解决问题的，然而对于我朋友从专业角度给出的这些貌似最有助于解决问题的建议，竟视若无睹。

倒是群里其他人对我朋友的说法给予了反馈。

"你这个说法太绝对了。"反馈说。

我朋友憋了一肚子委屈："哪里绝对了？"

"不可能真的放着孩子不管啊。孩子的自觉性毕竟跟大人不一样，像我们家女儿，如果大人不盯紧一点儿，她真的有可能拖到半夜都写不完。"

我的朋友被气死了。人家本来就问，大人怎么样可以不用盯得那么紧，你倒是简单，直接说了一句"不可能"。孩子的自觉性不就是一个伪概念吗？他真心想做的事情，有不自觉的吗？再说了，改变的前提就是为了建立孩子的自觉性，你们又认定了孩子没有自觉性，那还能讨论出什么有价值的结论？！

总之，我的朋友被气昏头了。

他说："那你放手让她试一次啊！你看她舍不舍得让自己熬夜。"

这下好了，他期待已久的热烈回应终于来了。

"说这话的没养过孩子吧？"

"等你家孩子上了小学你就懂了。"

"心理学的理论总给人一种站着说话不腰疼的感觉……"

"理想很丰满，现实很骨感。"（偷笑的表情）

好像他只是一个不知民间疾苦的幻想家。

三

"你看，他们那些都是什么狗屁建议啊！"

我朋友把聊天记录一股脑儿地发给我，找我吐槽。

我一条一条地看他口中所说的这些"狗屁建议"。

A说，关键是现在小学布置的作业太多了，而且难度很大！有的题目我跟我老公都不会做。啧啧啧，现在的孩子比我们那时候惨多了。

B说，干吗学习这事都是你来管，你老公呢？

C说，一样一样，我们家娃每天都拖到半夜，被我吼得一边哭一边写。等他哭完睡了，我再哭。

（两个人对发了一串拥抱的表情）

D说，要不要跟老师沟通一下孩子在学校里的情况？有时候孩子写作业慢是因为在学校里遇到了困难，上课听不懂。我家孩子以前就这样。

E说的最有道理（就是让我朋友最不爽的那个人）。E说，秘诀是营造一个安静的、适合学习的环境，你孩子在哪儿？旁边是客厅！什么？爷爷奶奶在客厅里开着电视？那哪行啊！你跟爷爷奶奶商量一下，让他们去自己的房间看……哦，那就让你老公跟他们说……唉，也是，这就比较麻烦了。

（话题开始转向婆媳矛盾）

"我觉得，他们说的都比你说的在点儿上啊。"我发给朋友一个尴尬的表情，"你会不会想杀了我？"

话是这么说，其实我知道朋友是很委屈的。

他觉得自己看到的是根本问题。

某种意义上我同意他的观点（毕竟那些东西也是我讲的）。但我知道，对一个求助的人来说，还有比这更重要的东西，那就是人家自己的打算。

她是来求助了，但她做没做好改变的准备呢？

在心理咨询中，我们会把有一类来访者称为"游客"。他们过来，只是找人聊聊自己生活中的问题，聊完了，就走了。说好的改变呢？他们会说：

"这样啊，我回去想一想。"

"以前试过类似的方法，不过效果不好。"

"估计对我们这种情况不太适用。"

一开始我拿这样的话很没办法。我发现不管他们表面上有多么希望改变，他们总是在暗暗地用一部分精力证明：这样是不行的，做不到的。

"就是这样，好像变成了我被迫要证明什么。"我的朋友说，"我觉得，如果他们真的想要做到，千方百计也要做到，他们一定是有办法的。"

所以你有没有想过，你推不动人家，不是因为你的力气不够，也可能是因为人家并没有那么愿意向前走，或者说，向着你看准的那个方向。

"问题是,我就是没法理解这些'游客'。"我的朋友说,"你既然都已经来了,那就说明你有改变的愿望,方向也有了,干吗又不愿意向前走呢?"

我说:"那不正是我们大多数人的生活吗?"

四

我们都是"游客",从某种意义上讲。

有时候,Momself 的朋友们问我怎样针对某件事写一篇文章,我把我的观点讲了一通,讲完之后感觉非常好。电话那头,团队没什么反应。

崔璀的口头禅是:"这个观点不够性感。"

我无语。本来就是一个观点,对人有帮助就行了,要什么性感!

崔璀说:"人家需要你帮助吗?"

所以我真的……很能理解我的朋友。

很多人听了我的课,纷纷告诉我,某个观点给了他们很大启发,让他们有了巨大的改变。但也有很多人的态度就是那种"这样啊,我回去想一想"。

但我并不觉得后面那种态度有什么不对,因为那才是人生的常态,磨蹭的、纠结的、得过且过的。那些做出了很大改变的人,也不只是因为我做对了什么。他们自己做了改变的准备，只是适逢其会，用到了我的方法而已。

我越发意识到，比那些道理更重要的，是一个一个的人。在人群当中，我也只是一个角色而已（并且很可能是一个不性感的角色）。类似于一个中学的物理老师，自我感觉像科学家一样重要，其实在学生眼里只是一个普通大叔。

我想，这说不定才是改变应该有的样子。

不需要催促，不需要较真，不需要非怎么样不可。

有必要把更多的人组织起来，就是要有A、B、C、D、E的声音，然后也有一些像我朋友那样的人，一本正经地说"要让孩子学会为自己负责"，作为若干声音中的一种。人们的感受是会变化的，有时候只是需要抱怨能被听见，有时候需要让人看到自己的辛苦，有时候需要确认自己不是世界上最惨的那一个。也许有一天冷静下来，觉得那个书呆子的意见也还是有点儿道理的。

试一试，可以；不试又怎么样呢，也没关系。

或者听听看，有没有人可以做到？怎么做的？

群是一个很好的东西，有时候，比一个严厉的老师更有用。

作为结论，我跟朋友说："你可能也需要改变一下自己。"

他说："我还是当严厉的老师吧……"

我说："你看，所以你也只是来找我吐槽一下。"

他说："得知你的观点也不够性感，我的感觉就好多了。"

对我来说，这样的聊天也是一个很好的提醒。只有在人群里，我才能看到，我讲的那些东西只是生活的一种可能。虽然那些道理也很好，但真正重要的是跟人一起，得到认可和支持。大多数人需要的，还是先保留一段自己的节奏，和周围的人一起吐一吐槽。

▷ "不是你的错,你干吗还不走出来呢!"
想一想自己能做什么,未必真的能做到什么,但这种态度会让世界变得稍微好一点儿。

一

林肯公园的主唱 Chester 自杀的消息传来,很多歌迷听到消息都非常悲伤。

他有长期的抑郁倾向和药物滥用史。在大量的报道中,这一切的起因都被归结为他童年时期遭遇的性侵。人们这才惊恐地或者说迷惑地意识到,一种陈年的罪恶,竟会对受害者的灵魂造成如此漫长而致命的伤害。

也会听到一些不理解的声音:"那么多年了,他怎么还走不出来呢?"

"明明是别人的错，何必伤害自己？"也有人叹息。

这让我想起《心灵捕手》这部电影的最后，罗宾·威廉姆斯扮演的心理咨询师对着威尔反复说："这不是你的错。"这句简简单单的话，被重复很多遍以后，具有了一种动人心魄的感染力。很多观众跟马特·达蒙一起流泪了。

一直以来，它都被认为是解脱的灵药。

"是啊，都说不是你的错了，那么可以释然了吧！"

善良的人们深情地拥抱着受害者，一遍一遍用温柔的嗓音免除对方的罪责，期待这样的善意可以产生神奇的魔力，洗刷受害者的屈辱甚至抚平他的创伤。

但结果恐怕并非如此。"这不是你的错"，对于 Chester 这样的受害者，难道没有人说过类似的话吗？爱他的人，也许说过一百遍一千遍了吧。

然而，这句话并没有阻止悲剧的发生。

二

不是你的错，你不需要为这件事负责。

那么下一个问题就是——谁要为这样的事负责呢？

毫无疑问，这件事是"坏人"的错。但这话没有什么说服力，因为潜台词是：只要这世界还有坏人存在，你遇到这种事就是没办法的。

换句话说,如果只剩下"坏人"为这件事负责,我们能做的,只有祈祷坏人不要存在。因为除了他之外,就没有其他人能为这件事负责了。

坏人有可能不存在吗?不太可能。

所以,你,我,每一个人,活得好不好,只能取决于坏人的心情吗?

十年前,我刚开始做咨询的时候,第一次接触有童年阴影的来访者,是一个男生,他从小被酗酒的父亲虐待。我试图用心理学的方法帮助他。

他对我冷笑:"我被他毒打的时候,心理学在哪里?"

他那很强的愤怒是冲我来的。我说:"那是你爸爸的错,不是你的错。"

他说:"你们就让这样的人做了父亲?"

我愣了一下:"不是谁让他做了父亲。那是他的决定,他想做就可以做。"

"做父母不用通过考试什么的吗!"他哭了。

我觉得他很任性,但我还是努力解释,他的愤怒指错了方向。谁也无法通过考试来判断一个人适不适合做父母,何况做父母的权利不可剥夺,中国目前没有这样的法律,云云。我试图说明,重点在于他父亲才是那个坏人。

过了几年我才理解,他的愤怒背后是什么。

他真正想表达的痛苦是：这个世界的每一个人，都只能对他的痛苦袖手旁观，他们怜惜地说，你真不幸，遇到了这种人，但这是没办法的。

"我父亲是一个酒鬼、恶棍，然后呢？没有人拿这个酒鬼有办法吗？"——全世界有70亿人，为了这句话，我至少应当承担70亿分之一的愧疚。

三

Chester 的悲剧让"儿童遭遇侵犯"的话题重新暴露于聚光灯下之后，就会看到很多人开始宣传"儿童遭遇侵犯有多么普遍"以及"如何避免自家孩子遭此毒手"，不外乎就是如何对孩子做好性教育，如何让孩子学会说不，以及如何避开"危险场所"（那里本该是安全的地方），但这些知识一点儿都不令人宽慰。

就仿佛一个人被打死，铺天盖地的公众号立刻教人格斗技巧一样。

我们还要学习多少东西呢？我们要学会辨别哪些菜是地沟油炒出来的，哪些牛奶是含三聚氰胺的，哪些肉用了瘦肉精。我们还要知道哪些医院是不能去的，哪些学校是不能上的，哪些景区不能跟团，哪些理财可能是诈骗。遇到雾霾天，我们自己上网查防范知识，哪个牌子的口罩好，什么食材搭配可以洗肺。但我们还要学习分辨信息真伪的能力，因为网上的信息也有可能是假的。

我就想问：只能依靠我们自己了吗？

学习一些自保的知识、技能，固然能提高我们的安全系数，但如果保障安全只能依靠公民增强自保意识，这中间还是有哪里不对劲，不是吗？

听说，杭州保姆纵火案之后，业主林先生不屈不挠地在找物业公司要说法。

在这个故事里，最大的坏人是保姆，这毫无疑问。但林先生的假设是：就算有这样的坏人，假如物业公司尽职尽责，消防安保工作到位，就不至于有那么惨痛的损失。换句话说，他不愿意把事故全都赖到"有一个坏人"上。

这是他从伤痛里救赎的方式。这个过程，自然会遇到很多可想而知的阻抗，以及各种糊涂或假装糊涂的质疑或污蔑，但他一直没有退缩。他的姿态，值得我为他叫一声好。因为他正在做的事，与我未来的个人安全息息相关。

如果林先生从物业公司那里获取了一笔巨额赔偿，那就意味着，全天下的物业公司都会以此为戒，在消防安保方面做更多事，以避免发生类似的悲剧。那样，我们的生活多多少少就会安全一些，我们对坏人纵火的恐惧就少一些。反过来，如果最终证明物业公司只用很小的代价就可以抹平这件事，那他们就不会有动力去改进什么，我们就只能祈祷自己遇上一个好保姆。

那样，每个人就还必须具有挑选好保姆的能力。

我并不是想说，一切悲剧都要有人背黑锅。

更不是想说，为了安全，我们需要被充分管制。

但享受自由的同时，我们回避不了受害者的那一问："你们说不是我的错，但你们又怎么会让这种事发生？"——这里问的，是每一个人。

"谁可以做些什么，才能让悲剧不至于那么容易发生？"

说回 Chester 童年时被性侵的经历，最让我在意的一个细节是，他父亲就是专门处理虐童案件的警察。他已经是这方面的专家了，却无法预防自己的儿子遭此毒手。你难道还相信那些靠自保意识可以包打天下的事儿吗？

倒也不能说是这个父亲的责任，毕竟儿子受害的几年中，一直在对他保密。

但 Chester 有一次谈到了他保密的理由：他不想被人认为是在撒谎，也不想被当成同性恋。或许这就是一个风险因素：对同性恋的歧视。那么，保留或者传播这种歧视的人，以后是不是也要改变一点儿什么呢？要知道，这种歧视从某种意义上来说成为罪恶的帮凶。只要潜在的受害者有这些顾虑，有一些兽行就可以不用付出代价（坏人也是看到了自己不用付出代价，才会越发肆无忌惮吧）。

四

所以，事情真的只是"有一个坏人"那么简单吗？

我们当然不能谴责任何人。

最好的办法，永远是提高自己的安全意识，学会怎么辨别坏人，怎么叫停。我当然觉得这些知识也很重要，而且作为父亲，无论如何也想跟我的女儿分享。但我还是想指出，培养这些能力的同时，你其实也已经放弃了——"外面很危险，遇到坏人了就没有别的办法，你指望不上别人，只能靠自己。"

不要放弃啊，明明需要有更多的人为此负责。

哪怕他们和这件事只是间接的关系，甚至素不相识。

警察、医生、老师，那些窃窃私语嘲笑受害者的同伴也在其中。

政策制定者也好，法律工作者也好，内容传播者也好。

过去、现在和未来，每一个有可能偶然遇到的路人也好。

任何一个人，都应该对这种悲剧怀有一种微妙的尊重和歉疚，想一想自己能做什么，而不只是转一篇文章——"所以大家才要学会保护自己啊"。

想一想自己能做什么，虽然未必真的能做到什么，但这种态度会让世界变得稍微好一点儿。通过这种态度，我们是在表达："我很难过，我居然让这样的事在你身上发生，而且明明不是你的错，还需要你自己学习保护自己。我知道，你本来可以享受更简单更愉快的人生，你是在替每一个人的无能埋单。"

不要傲慢地说:"不是你的错,你干吗还不走出来呢!"

否则,我们就等于在敷衍地强调着"不是你的错"的同时,又在说:"没别的办法,就只能靠你自己保护自己啊。没保护好,那不就是你的错吗?"

▷ **你不面对它，不等于它不存在**
通过黑色的想象，我们改变的是一个人在现实中的心态。

一

给女儿讲《活了一百万次的猫》。

女儿忧心忡忡地问我："爸爸，你会死吗？"

我说："会，但是在很久以后。"

她确认了，那一天她早就长大了，不再像现在这样需要我。尽管她难以想象那是什么样的情况，但她还是松了口气。过了一会儿，她又担心起来。

"爸爸，万一我还没长大呢？"

她的意思是，她害怕自己还没有独立能力的时候，我就离开了她。我的第一反应是告诉她：别瞎想，不可能的。但我转念一想，这样就够了吗？"

我说："你是不是担心爸爸死了，会发生很不好的事。"

女儿点了点头。

我说："你最担心的是什么？"

女儿说："没人给我买好吃的和玩具了。"

"妈妈会给你买。"

"可是你买的东西比较大。"

我不由得想笑，但还是郑重其事地告诉她："你还没长大爸爸就死了，这个可能性很小很小很小。万一发生了——记住，我说的是万一哦——爸爸也会留下一些钱。这些钱可以一直给你买好吃的和很多玩具，明白了吗？"

她点点头："嗯！"

她开心起来了，跟我玩贴纸。玩了一会儿，又有新的担心："可是，那样就没人陪我玩了。"

我哭笑不得："那你想想，爸爸出差的时候，你是跟谁一起玩的？"

二

这是我和女儿前几天的一场对话。从传统观点来看，女儿的想象有一些"大逆不道"。了解精神分析的人，大概还会扯到"弑父情结"之类的潜意识。过得好好的，凭空设想这些坏事的发生，何必呢？但是这些黑色的想象，对女儿的内在世界形成所谓的安全感和可控感，有着极其重要的意义。

女儿还想过，父母离婚她会怎么办，也是让我们哭笑不得。总的来说，成人世界很避讳这样的想象，即使有这样的想法也不能公开说出来，最好能从脑子里把它甩出去。所以遇到这些想法，很多人会让自己的孩子闭嘴，或者简单地回应他们："不可能的。"有的人可能还要骂："整天胡思乱想什么！"

但，不是不可能，是有可能。

只是我们不愿意承认那微小的百万分之一的可能性罢了。

这里有一些文化上的迷信。有时候我们会担心，思考这些事情会增加无端的噩运。逢年过节的时候，有人甚至忌讳听到"死""病"这样的字眼。而本质上是因为我们自己难以面对那些可能性，想到它们会心烦意乱。

但你不面对它，不等于它不存在。

越是心烦意乱，说明那些可能性越在暗暗地侵扰我们。我们知道每个人都会死，每天都有可能发生意外，而今天恩爱的夫妻有很大比例走不到最后。这才是我们心烦意乱的根源。我们知道那些黑色的想象并非空穴来风。这是我们自己最无法面对的，所以我们只能甩甩脑袋："别瞎想了，我的运气不会那么差！"

有时候，想一想它，跟别人谈论它，也许是有帮助的，它会让我们觉得有些事就算发生了，不见得就是世界末日。生活还会继续，而且常常没那么难。女儿在跟我谈过之后就知道了，原来父母离婚了，她还可以跟一个人住在一起，还可以去找另一个人玩（"万一我不知道他住在哪儿呢？万一他不欢迎我怎么办？"女儿问。"不会的。"我们告诉她，这一点是我们绝对能保证的）。

那些事虽然痛苦，但也不是不行。

三

换句话说，如果真的"不行"，那就必须设法应对。否则，带着"一旦发生，后果不堪设想"的想法，人们没有办法踏踏实实地活下去。就像一个人如果不敢设想离婚之后的生活，TA 往往就会受制于这段婚姻。只有当 TA 相信分开也是可以承受的，TA 才可能以平等的姿态与对方相处，而这反而会让一段关系更加安全。通过黑色的想象，我们改变的是一个人在现实中的心态。

《基督山伯爵》里，瓦伦蒂娜的爷爷预见到孙女会被继母下毒，于是他花了很多年时间，让孙女持续服用小剂量的毒药，以培养耐药的体质——这最终帮助瓦伦蒂娜扛住了致命的一击。"黑色的想象"有时候就是小剂量的毒药。它不是反反复复的、没有建设性的焦虑："千万不能这样，千万不能这样……"而是通过想象，把焦虑的"后果"补完："如果真的这样了，我可以怎么办。"在想象的最坏的可能性之下，把故事继续下去，并且最终相信：不过如此。

我们的安全感并不来自"糟糕的事永远不发生"——虽然我们也希望如此。更现实的安全感，是我们相信糟糕的事就算发生，我们也能应对。黑色的想象是一个友好的忠告，提醒我们有些事情要准备好。你有没有想过它，并不会改变它未来出现的概率，而你有没有做好准备，却足以影响你当下的生活。

▷ **痛苦是无法掌控的**
我们常常不愿意接受这个真相。

一

女儿感冒了,姥姥教育她:"你看,谁叫你平时不好好喝水,生病了吧。"

妻子立刻反驳:"这跟喝水没关系。"

虽然是随口一说的话,但仔细想想,姥姥的确犯了一个逻辑错误。她在两件独立的事情之间建立了因果联系。喝水很重要,但是不能把"喝水"和"生病"这两件事说成一件事。没有任何证据表明,每天多喝水就可以不感冒。

这当然有一个背景,就是女儿最近不好好喝水。

姥姥其实也是一片苦心。她是想拿生病这件事作为契机,让孩子更加重视喝水。很多老年人都有这种思考方式。他们不需要用科学研究来证明，这次感冒确实是因为喝水不够导致的。假如孩子挑食，这个理论完全可以变成"不爱吃蔬菜的孩子才会生病"。想让孩子出门活动，就可以说"运动量少了会生病"。

他们的关注点不在于查明病因，而在于"借题发挥"。反正孩子没办法分辨，就借着这个机会夹带一点儿私货。作为一种教育方法，有它的用处。

然而，如果对这样的说法不加以反驳，久而久之，可能就会把"病"和"错"混为一谈。孩子也许会形成一种理念："只要按家长的要求做到了，就可以不用生病了。"或者说："如果我生病了，就说明我哪里做得不对。"

这种理念，把不可控的事情当成了可控的，是一种错觉。

万一有一天孩子问："我什么都做对了，怎么还会生病？"要怎么回答？

就只能告诉他真相——"人就是会生病的，再怎么防也防不住。"

二

其实，如果孩子有一天能发现这个真相，是幸运的事。更多的孩子会不断地找到"我做得不够好"的理由，来维持这个错觉，直到成年。

是的，有时候成年人也会相信这样的理念。刚刚说我岳母的例子，那是相对清醒的状况：她知道"感冒"和"喝水"没关系，只是为了教育的方便，人为地构造了一层关系。有的人，甚至不觉得这是构造出来的，在他们内心深处，这就是板上钉钉的因果关系——孩子生病了，那肯定是有人没照顾好他啊！（至于"有人"是谁，决定了他们是自责还是责怪他人。）

对于生病这件事，我们总是可以找出很多似是而非的原因：不好好吃饭啦，睡太晚啦，平时不运动啦，心理压力太大啦……中医里还有一个概念，叫"风"，特别好用。"昨天玩出一身汗，着了风！生病了吧！"风在哪里，谁也看不见，但昨天那身汗总是实实在在的证据吧？所以，不要再贪玩了！

不光是生病，只要肯开动脑筋，千千万万的不如意事都可以找到哪里"做得不对"。一开始是大人替孩子找，等到孩子长大了，形成了习惯，他们就会自己给自己找。我在一所很好的大学当老师。上这所学校的都是全国第一流的学生，他们从小到大，几乎从来没有在学习成绩上落后过；等到上了大学，很多学生讲都排到中游甚至垫底。他们会怎么解释这件事呢？都在自责："怪我上课不认真听讲""我的斗志松懈了""还没有掌握正确的学习方法"……

很少有人理直气壮地说："我尽力了，但我上了最好的大学，我就是没办法再拿第一。"虽然这才是真相，但这是他们最不愿意接受的真相。

等他们再长大一些，当了父母，会把同样的理念传给下一代。我们这一代的父母，不也多多少少受了影响吗？我们看育儿书，遵照书上的指示一条条执行，从怀孕之初就补充营养，加强锻炼，生下孩子也悉心照料，如履薄冰，唯恐出了差错……我所认识的同龄人，当了父母的，都觉得太累了，又是工作，又是带孩子。为了保障孩子安好，已经尽到了最大限度的努力，几乎无可指摘。然而孩子还是会有头疼脑热、感冒发烧，这样那样的意外还是难以避免。如果我们仍然不愿意承认真相的话，就只能从鸡蛋里挑骨头："我们做得还不够……"

三

生病的本质是什么呢？

它是痛苦的。对孩子、对全家人来说都很痛苦，甚至恐怖。我们有很多手段去预防，去积极应对。但这种痛苦的本质，仍然是无法掌控的。

有时，我们会听到身患绝症的病人，在心灵层面获得解脱，升华生命的故事。虽然这么说有点儿不近人情，但这种无法掌控的痛苦，可以帮助人们认识到命运的无常，修正不切实际的生活信念，让我们接受无法掌控的噩运，从而放弃毫无必要的自我苛责——它很糟糕，但意识到糟糕的恒常存在，却是好的。

而我们坚持说："只要做得够好，就可以不生病。"这是什么呢？只不过是用虚幻想象的方式，以严厉的苛责为代价，换取短期的掌控感而已。

　　这当然也是一种公平的交易。譬如说，如果我女儿每天只要按时按量喝水，就可以减轻对生病的忧虑（当然，事实上总有生病的可能），那我觉得也划得来。毕竟喝水不是什么苛刻的条件。但是，如果换一个条件，比如，需要全家人每月初一去庙里烧香才能安心，我就要重新考虑了。因为这个代价有点儿高。

　　但真正最高昂的代价，还不是具体做什么事，因为总有可能做到。最让人头疼的是"我也不知道还能做一点儿什么，但肯定是有办法的"。

　　如果一个人有那种信念，他的人生就充满天罗地网式的苛刻。我有时接触到一些学生家长，一听到孩子学业困难，或者被诊断为抑郁症，就会不能置信地追问："他怎么会这样？他那么优秀、那么聪明，我们也没有给过他什么压力……你给我们一个说法！他出问题的原因在哪里？"有时他们甚至愤怒地想：一定是你们学校做了什么错事，不然为什么说不出原因！

　　他们恐怕常常会有那种无能为力的愤怒吧。

　　我们没法说出原因，是因为到目前为止，抑郁症的研究本身就没有探明病因。孩子做得很好，家长做得很好，校方也做得很好，也没有天灾人祸发生——即使这些条件全都满足，仍然不能保证一个正常人不抑郁。有时候就是不知道原因啊。"人有旦夕祸福"，怎么办呢？除了接受这一点，没有办法。

　　探究原因有时候是为了自我安慰。孩子走路摔了一跤，哭了。有的大人会说："谁叫你走路不看着点儿！"其实，责怪孩子不看路并不是大人的初衷，大人其实在心疼孩子，但他们心疼的方式就是去找"原因"，仿佛孩子不会再摔了，大人的心就没那么疼了——但是比起被指责，也许摔跤反而没那么可怕。

▷ **我管不住孩子玩游戏，所以游戏公司该替我管**
不要指望每一样有趣的东西，都能自觉地给自己增加一个"防沉迷系统"。

一

《王者荣耀》增加了针对未成年人的"防沉迷系统"，强制规定所有未成年人每天玩游戏的时间不得超过一个小时。这很好，对未成年人来说，约束玩游戏的时间对他们的身心健康都很有好处。只是这种事，本该是家长跟孩子自行达成的约定，现在居然要通过舆论声讨，由一个游戏公司来强制实施。

显而易见，最拥护这个系统的父母，就是那些自己没有能力与孩子达成一致的父母。我不免瞎想，这样的父母抚养孩子，会不会常常处在崩溃边缘？

你说游戏害人，但这些父母，换到没有手机和电脑游戏的年代，大概也没有能力跟孩子达成"每天看电视的时间不得超过一小时"的约定吧。

那些铺天盖地的小说、漫画、玩具和零食怎么办？

是否也不能达成"每天吃巧克力不得超过三块"的约定，不能达成"去朋友家玩不能超过晚上九点"的约定，以及"自己的房间自己收拾"的约定？

再这么想下去，他们其实也很难让孩子遵守"每天完成家庭作业"的约定，"每天接受学校教育"的约定，甚至"遵纪守法"这类基本规定。

每一个达不成的约定，是不是都需要一个外界力量来强制实施呢？

二

"这怎么可能？"有人会说，"那些跟玩游戏可不一样！"

但仔细想想，差别又有多大呢？

如果有父母不清楚怎么给孩子限制玩《王者荣耀》的时间，却在限制孩子吃巧克力之类的事情上游刃有余，只能祝贺他们运气好。是的，没发生矛盾不代表他们做对了什么，只是碰巧遇到了一个不爱吃巧克力的孩子而已。

假如有一些孩子忽然开始沉迷巧克力，讲道理也不听，不让吃就参毛，仿佛"性情大变"一样，怎么办？父母于是恐慌了，撰文怒怼巧克力生产厂商，说他们的产品是精神鸦片，敦促其推出未成年人的巧克力防沉迷系统……这当然也算一种办法。但问题是，难道除此之外，就没有别的办法了？

"我们家孩子，你不知道……"父母也很委屈。

现在的孩子有多难搞呢？还是拿手机游戏举例吧。有一篇怒怼《王者荣耀》的文章，引用过两段网上流传的视频：一段是在温州，一位妈妈无意间打断儿子玩手游，被儿子发疯狂打，妈妈只能默默抱头忍受；另一段是在广州，妈妈试图阻止十来岁的儿子玩手机，被儿子连续抬脚飞踹，旁人劝阻不得。

仿佛可证，不是父母无能，实在是玩游戏的孩子太丧心病狂了。

但是——开什么玩笑啊！

只是孩子一个人疯狂吗？让这样的事发生，难道父母可以说自己一点责任都没有吗？孩子肆意妄为，父母除了"抱头忍受"，做过什么反应呢？别说什么"他力气大，我也打不过他"这种话，难道管理孩子的方法，只有以暴制暴一种途径吗？何况发展到这一步，之前的亲子关系已经糟糕到什么地步了？父母可以眼睁睁地容忍这种关系存在，然后把一切都解释为孩子疯掉了吗？

这样的父母真该听一听我的《洞悉相处之道》。

你自己管不住，就期待一个更高级的力量帮你"管一管"。

三

这让我想到十年前杨永信宣扬的"网瘾"。同样也是强调有一些孩子变得丧心病狂，让父母肝肠寸断，而电击疗法因此如火如荼，杨永信也成了一部分父母心中的救世主。就是啊！那么疯狂的孩子，人家帮我"管住"了。

这些现象本质上都是一样的：我们家孩子疯掉了，我无法完成父母的职能，我放弃了。只好请医生来治疗，请政府多管制，请巧克力制造商们自重。

有人说，问题都出在游戏身上。

游戏不一样，游戏怎么能类比巧克力呢？非要类比的话，也是烟草和毒品。它是会让人"成瘾"的，可以把未成年人不成熟的心智系统给毁掉。既然禁止对未成年人售卖烟草，那就该有同样的强制，禁止未成年人玩游戏。

是吧，有那个可能性。问题出在游戏身上，即"游戏"本身具有一种妖异的魔力，会让孩子无力管理自己，会让父母无力管理家庭。也许有一天，会有科学研究证实这种"魔力"真的存在。也许就有某一类游戏，对未成年人具有生理层面上的破坏性。对它们的安全使用，就需要强制力量的介入。

（不是色情和暴力，这部分内容没有"魔力"，只是不适宜未成年人而已。）

但是从已知的信息来看，还没有任何证据支持这一点。玩游戏过度，当然对未成年人有害，这一点毫无疑问。因为任何事做过头了都对人有害。这个世界上有人花几万元钱买手游装备，也有人花几万元钱收集乐高积木，还有人花几十万块钱升级一个相机镜头。有人在虚拟的游戏里乐此不疲，也有人在现实的游戏里乐此不疲。但重点是，人们会自我管理，不把事情做过头。而未成年人可能要由父母协助管理。还没有证据证明，手机游戏在可管理性上有什么例外。

在找到那样的证据之前，我们只能假定：游戏是很好玩，也很罪恶，烧钱，浪费时间，让人停不下来，这都没错，但它仍然可以被适度管理。

怎么管理呢？你小时候看漫画也会欲罢不能啊。那时候你看漫画，你爸妈是怎么请你适可而止的，现在你孩子玩游戏，你就怎么请他适可而止。

你小时候学习成绩也不好啊，还不是在跟爸妈一次次的谈判中，慢慢意识到你不得不重视这件事。他们怎么跟你谈的，你就怎么跟你的孩子谈。

你小时候也想集齐所有的四驱车模型啊，那时候你问爸妈要钱，他们是怎么答复你的，现在你孩子问你要钱买人物道具，你就怎么答复他。

小时候爸妈怎么让你关掉电视，现在你就怎么让孩子放下手机。

每个人都有过很烦父母，不想听话的时候吧；也有觉得奋斗没有意义，不希望每天活得那么辛苦的时候吧；也有跟父母大吵，甚至恨不得断绝关系的时候吧？这些最后是怎么解决的呢？我的意思是，在《王者荣耀》以前，所有问题都在那里。游戏没有带来新的难题，最多只是把以前的难题放大了。

四

也许有人会说，今天跟以前不一样。

以前家里没有电视啊，每天晚上只能挤到邻居家看一个小时，当然不用跟孩子斗智斗勇。很多人回到家就没有任何娱乐的条件。以前没有那么多钱，也没有那么多时间，偶尔给孩子买一个玩具，孩子都能高兴一个月。所以，以前不需要"防沉迷系统"，整个社会的匮乏，就是一个天然的"防沉迷系统"。

如果真是那样，这些人可能真的缺少这一门课。

这个时代会越来越精彩、多元，有越来越多的聪明人正挖空心思抢占你孩子的时间。有越来越多有趣的东西，以越来越低的成本，闯入你们的生活。《王者荣耀》只是一个开始。也不要指望每一样有趣的东西，都能自觉地给自己增加一道"防沉迷系统"。

你做好那样的心理准备了吗？某一天，你正在工作，孩子的老师发来消息，告诉你孩子最近学习成绩下滑。你气冲冲地回到家，夺走孩子的手机。

"以后不许再玩手机了！"你冲他大嚷。

"还给我！你根本什么都不懂！"孩子扑上来。

你发现你已经不太理解孩子了。这些年你的工作也很忙，你们很久没有好好聊过了。他说的话你听不明白，他的那些朋友你都没见过。你问他学习的事情，他总是爱搭不理。他喜欢的东西你不喜欢，你看重的东西他不看重。

你发狠："我把手机砸了你信不信！"

"随便你，但我们的作业还要用微信下载呢！"

你作势要摔手机，一下又愣住了，一时间有点迷惘。战争已经开始了，但你甚至弄不清对手是谁。你看着孩子油盐不进的表情，恍惚觉得这是一个陌生人。你习惯用的方法就是吼，然后威胁，但他早就不吃这一套了。接下来再用什么压制他呢？告老师吗？你摇头苦笑，老师要是有办法，还找家长干什么。你在想怎么会变成这样——都怪游戏，你想，都怪游戏把孩子变成了这样。

2

关系视角：
人的烦恼皆源于人际关系

分清你和我，不等于不管你死活

课题分离跟"不顾别人感受，我行我素"完全是两种活法。

一

我在讲课时提到过"课题分离"的概念，用在当事人跟父母、上司产生冲突的案例中。大意是说，他们不舒服，那是他们的课题，他们去负责解决，你只要负责你的课题就好。这个说法引起了很多人的讨论。

很多人被这个概念所吸引，同时又觉得，这是一种过于理想化的相处之道。放到现实生活里，怎么可能你就是你、我就是我，分得那么清楚。

内心深处，我们都有这样一层顾虑：

我真的要选择这样一种不顾别人感受的活法吗？不会被人打死吗？

这真的是一个天大的误解。

无独有偶，在日剧《被讨厌的勇气》里，也塑造了这样一个我行我素、不顾及别人感受的女警官庵堂兰子，作为"课题分离"概念的践行者。她活得很任性、很自我，从不在乎别人对她的白眼，很多时候连基本的礼貌都不顾。虽然业务能力很强，但可以想象，她在单位的人际关系也是差得可以。

这样一个人，作为影视剧角色来看，当然是个性十足、别具魅力，但这部日剧毕竟打着自我心理学的旗号作为卖点，难免有一种生活态度上的导向作用。如果问观众，现实中有这样的人，你会喜欢她吗？我猜，一大半的人都会摇头。如果再问，你自己愿意成为这样一个人吗？摇头的人一定会更多。

这个编剧团队可能是学到了假的课题分离……

所以，我必须澄清一下：

课题分离跟"不顾别人感受，我行我素"完全是两种活法。

二

课题分离的人和课题未分离的人，都会很照顾别人的感受。

表现出来好像都很温暖，但这种温暖的本质不一样。

课题未分离的人，所谓的照顾别人，是在勉强自己，希望维持"我"在别人心中的良好印象。比如，别人对我们有所求的时候，很多人都不敢明确表达拒绝，哪怕这件事自己真的做不到。

"会很难看吧？"

"别人会不会觉得我不给他面子？"

"以后万一有事求他怎么办？"

这些想法，本质上是以自我为中心的，关注的是"我"的脸面、评价、利益。如果因为这些想法的困扰，不得已答应了这个自己其实做不到的要求，事情往往就会变得更糟。要么敷衍、欺骗，要么就牺牲其他的东西。

最终的结果，往往让别人蒙受更大的损失。

我自己从前就不善于拒绝别人，硬着头皮答应了一些做不到的事，怎么办？只有一推再推，到头来也有很多事情没有做到，或者没有做好。不用说，这样会给别人带来更大的麻烦。长期来看，这样会让别人很舒服吗？

并不会。在我硬着头皮答应的那个时候，我照顾的是自己。其实一开始我直接说出"做不到"，人家反而会有更多空间和余地来设法应对。

但是，因为"我"格外重要，哪里还有别人的位置！

三

照顾别人的感受当然是好事，问题是，有时候我们会失去这种能力。

发生这种情况，多数是因为别人不舒服的时候，我们自己也不舒服。这时候我们就会情不自禁地把注意力更多地集中在自己身上。

一边想要照顾别人，一边还在关注自己。

比如说，你的朋友被拒绝了，很伤心，你知道该怎么陪她聊天，安慰她。

但是，假如这个朋友就是被"你"拒绝了呢？

你还可以那么自然地陪她聊天，安慰她吗？心里会不会有些不自在？

"明明是我的错，我现在有什么脸面……"

你失去了照顾她的能力，你甚至恨不得躲着她，不接她的电话。

因为在你心里，你是事件的中心，你看到的是"你"在这里面的责任。

你并没有真的为别人的难过负责。虽然你也在为这件事情难受，但是在别人眼中，你只不过是一直在躲着对方，见到人家也顾左右而言他，一脸的不自在。那种不自在，表面是关心别人，其实是在为你自己的课题而烦扰。

未分离的课题，限制了你照顾别人的能力。

很多人对课题分离的误解是：

课题分离的人，对谁的态度都是"我就这样"。

然后转身就走，管你去不去死。

你不舒服，那是你自己的课题，气死你活该。

这个理解，大错而特错啊。

我对面的人不舒服，我为什么不能对他好一点儿？

转身就走——这就算是课题分离了吗？

四

一个课题分离的人，是这么看问题的：

他不舒服，这是他的课题，没错。

但是他不舒服，我作为亲人、朋友、同事，我喜欢他，我可以对他好一点儿。

当然，如果我讨厌这个人，不想跟他再有关系，我也可以转身就走。

关键在于，不要把他的不舒服跟我的课题混到一起。

把双方课题混淆的人，往往是这么看问题的：

是"我"让他不舒服了，所以我不能拒绝他。

是"我"让他不舒服了，所以我要躲着他。

甚至于（敲黑板，这里是重点），是"我"让他不舒服了，所以我要把自己摘干净，我需要向他强调（甚至向全世界强调）：他不舒服，这是他的事，我不负责任，我不关心。

请注意最后这个说法。

表面上看，这仿佛是一个课题分离的想法。但是一个人这么说的时候，恰恰说明他正在试图撇清自己跟这件事的关系，他已经混淆了课题。

这是我们最容易产生的对课题分离的误解。

五

我为什么不能照顾别人？

就因为我想证明这不是我的课题，我必须退远一点儿？这是什么逻辑？

几年前，我写过一篇文章，举过这么一个例子：

我去修手机，有两个姑娘正在跟师傅砍价。师傅说手机元件坏了，换一个 200 元。两个姑娘都觉得有点儿贵，其中一个说："200 块太贵了，给我们便宜点儿。"

我心想，这恐怕砍不下来，信息不对称。心里替师傅拟好了回应："没法再便宜了。"再多说两句就是"光进价就得 180，我还得搭人工呢"。

结果师傅沉吟了一下。

"这样吧，"他说，"等会儿我试一下能不能修，修不好就只能换。"

两个姑娘答应了。

这件小事让我很有触动。其实，我设想的回应和这个师傅的回应传达了同样的信息："对不起，这个价是不能变的。"只不过我的态度是

"你觉得贵,那是你的课题,你自己解决",而师傅的态度是"虽然价不能变,但是你们觉得贵也是实际问题,我愿意帮助你们,试一下有没有别的解决办法"。

所以,对方同样接收到"价不能变"这个事实,感受却会有差异。

仔细对比一下,在我的设想反应里(没法再便宜了),有我习惯化的自我辩解。我真正想传达的是:这个价钱是既成的事实,跟我没有关系,这不是我的错。甚至我还想要多辩解两句:进价多少,我赚多少。这无非是在用数据证明:制定这个价钱是合理的,不是我的错,请不要怪我。

可是问题来了:不是你的错,你辩解什么?

表面上看,我分离了我的课题。实际上,辩解是因为感到了被指控的威胁,这个价钱合不合理,我有没有赚取高价,这其实不是对方的课题。姑娘在为手机的事烦心,她们关心的只是能不能便宜,并不是在对报价者发起道德上的指控。因此——虽然不愿意承认,但实情如此——这个指控其实发源于我的内心。面对实际上并不存在的"污点",我在电光火石之间扫视一遍全身,确认自己的清白,长舒一口气,拒绝之后立刻后退十步。表面上是说"我做不到",这没错,但实际表达的是"别跟我扯上关系"——这也没错,只是有点儿冷。

而修手机师傅的反应,从课题分离的角度讲,分离得更为彻底。

这个价格就是既成的事实,没法改变,更与报价人本身无关。修手机师傅早就接受了这一点,所以一秒钟都没往自己身上看。他处理好了自己的课题,腾出来的那些注意力,让他变得更灵活、更热情。他可以更专注地考虑：我的顾客面临一个不可改变的价格，她希望少花一点儿钱，那我怎么样帮助她？

"你希望省钱，好，我们就试一试。"

六

所以，一个做好了课题分离的人，不见得是冷淡的。

如果去做生意，他的生意可以做得很好，顾客会喜欢这种能为他人着想的人。他很热情，关心别人，照顾别人，而且是更好地照顾别人。

他很灵活，同时又很清楚界限，不会把两个人的事混为一谈。他的关心就是关心，而不是过度的干涉，他对别人没有越界的要求，又很清楚自己要如何担负自己的责任。当他需要维护自己边界的时候，他会明确告诉你，而不是推开你。他理解你的不舒服，会陪你一起面对，而不是躲着你、敷衍你。

这样的人，怎么可能不受欢迎？

千万不要以为，所有课题分离的人，都像庵堂兰子一样，整天冷着一张脸，对所有人都说："这是你的问题，你自己解决，跟我没关系。"

有时候，倒是那些课题没有完全分开的人，更容易借助"课题分离"的形式撇干净自己（就像之前的我一样），跟人稍微一碰就退到十步之外。看起来好像界限清楚，其实并没有完全安放好自己的课题。

"这不算我的责任，我必须强调大声一点儿。"心里还在纠结那个"我"，又怎么能全然关心对方？

▷ "怎么可以有这种人？"
你有你的期待，而别人有别人的行事逻辑。

一

一个来访者在一次咨询中抱怨她的婆婆。

很多婆婆对媳妇不好，面子上还要装一下好人。她的婆婆，是连装都懒得装一下的。她怀孕时跟公婆住在一起，有一天她干活时把手弄流血了，婆婆递给她一副橡胶手套："戴上这个，洗碗就不会弄湿手了。"

当然，也顺带抱怨她的丈夫。

他每天躲在工作的堡垒里，对家里的事几乎都不关心。咨询那天是他们的结婚纪念日，但是，"你看吧，他每一年都是这样，忘得一干二净"。

"你觉不觉得这有点儿太过分了？"她问我。

我是觉得过分，但我没有说。我在《如何正确安慰一个倒苦水的人》里写过，抱怨的人其实只是想抱怨，只要你问一句"你会怎么办呢"，因为他们已经有了现实的应对策略。

"你会怎么办呢？"我问她。

她说，去年结婚纪念日她觉得受不了，于是发了条朋友圈，提到那天是他们的结婚纪念日，底下有一堆朋友祝她快乐。丈夫第二天上班才看到，打电话补了一句问候。

"这就完了？"

"这就完了，"来访者说，"奇葩吧？"

"我的意思是，你发了一条朋友圈，这件事就完了？没有再说什么？"

"你是说跟他吵？没用的。"

我倒是没想过是吵架还是做点儿别的什么。只不过换一个角度来看，"这件事到此为止了"，本身就是在传递一个信号："我是可以容忍他这样做的。"

也难怪丈夫今年还会做一样的事。

"你婆婆给你手套，让你继续干活的时候，你是怎么办的？"

"我跟我老公说了，他说他妈就这样。"

"所以你戴上手套干活了？"

"那还能怎么办！"来访者说，"又不能不过了。"

我发现，跟她讨论这些事有一个很大的困难。她翻来覆去好像只有一个态度：他们怎么可以这样！奇葩吧？没见过吧？真是气死人了！

而我忍不住会想,为什么你就一副任人宰割的样子?倒不是说非要奋起反抗才好,只是我很惊讶于她一边痛苦一边无动于衷,哪怕吼一声也行啊!

"没用,他们就是这样的。"她说。

就算他们就是这样,不试一试怎么知道没用呢?至少把你的态度表达出来,即使试过了不行,还可以告诉他们:"老娘不伺候了!"然后转身离开。

但她好像根本没那样想过。

二

她很委屈,一直在抱怨。我可以理解她的抱怨,也知道对她来说,不改变也是当下的一种选择。但我总觉得,我对她的理解有一点儿脱节,却又很难清晰地诉诸语言。在她反复感叹"奇葩"的时候,我忽然意识到那个脱节是什么。

我意识到,我们同样面对这件事,考虑的焦点是不同的。我总是从现实角度出发:她遇到这样的人,她会怎么办?她要怎么对付这样的人?

但这种考虑方式,已经有了一个前提:有的人,就是这么"奇葩"。

我跑得有点儿快了,已经承认了这些人存在的"合法性"。跳过了这一步，就开始考虑"如何应对"这样的人。这就是我和来访者频道不合的原因，她的焦点还停留在之前的那个阶段，她一直在纠结：天啊，怎么会有这种人！

我理解了这一点，立刻改变了谈话的策略：

"遇到这种人，确实难以接受。"我陪她一起感叹。

"就是说啊！"她的眼睛立刻亮起来。

"你理解不了他们的逻辑。"

"无法理解！完全都不为别人考虑！"

"你觉得不应该这样。"

"是啊，这是一家人最起码应该有的关心！"

"你觉得家庭生活应该有一个基本的规则。"

"对啊，我觉得我已经算是够可以的了，也不奢求像有的媳妇一样，回家就有人摆好饭菜，好吃好喝伺候着，但是最起码的尊重是要给的吧！"

"你觉得太不正常了。"

"是的，一家人都不正常！"

"可惜，"我停顿了一下，"你就遇到了这么不正常的一家人——"

这句话接不下去了，她半张着嘴。

"所以你是怎么打算的？"我问。

她眼睛里的光又黯淡下去。

"我？我能有什么打算……"

对她来说，很难进入"如何应对"的议题，原因就在于她陷入了前面一步："怎么可以""居然""不应该"——她在事物存在的"合法性"上单曲循环。这里存在一种微妙的认知上的小伎俩："他们这样是不可以的",纠结"不可以"的问题,似乎也就不用面对一个最残酷的真相——他们就是这样的啊。

三

我想,这也许是她用来防御现实的方式吧。人们在面对痛苦的事情时,会有一系列的心理阶段,一开始是否认,然后是愤怒,再然后是讨价还价,之后才能正视这件事带给自己的影响,最后再想办法去应对。否认是彻底不相信这件事的存在,但事实总会迫使我们不得不承认它。而一个人从"承认"事实,到能够在心理上"接受"这个事实,还需要度过或长或短的一个时期。我的来访者就卡在了这个特殊的时期里,心里想"怎么可以有这种人",好像在跟命运讨价还价一样。

这是一条心理上的护城河。我们形成了一个规则:"这件事是不应该的/不合规矩的/人神共愤的",有这个规则存在,我们的内心就保持着一份安定和可控感。无论外界发生了什么,只要我们心里还坚守这个规则,外界就不会入侵我们的内在现实。

比方说下棋的时候,你认为要遵守一定规则,双方必须在规则范围内谋划,可是你的对手是一个不知道规则的小孩,他怪笑着,棋子拐着弯儿冲到你的大本营。

"哎哎,"你叫住他,"怎么可以这样走呢?"

"就这样走。"他一点儿不讲道理。

"车必须走直线!"你跟他较劲。

他变本加厉,直接把你的帅扔掉,嘻嘻哈哈地跑开了。

你会很生气吗?这时你可能已经意识到:你还在下棋,对方却没有想要下棋了。他在用一种新的方式跟你"玩"。你的规则只存在于你自己的想象里,而别人在使用一个完全不同的、不受限制的,而且看上去更野蛮的逻辑。

你当然能看到这一点,但是你能不能接受这一点呢?

你会把目光放到眼前的这个人身上,还是放到那个被打破的规则上呢?

我最近越来越觉得,意识到你有你的期待,而别人有别人的行事逻辑,这是一种宝贵的心理能力。规则只是我们一厢情愿的东西,也许在我看来是天经地义的(或者在大多数人看来也是天经地义的),但是对方——实实在在地——可以不按照我们的期待行事。

关键是,接下来我们要怎么做?是骂他、忍他、求他、告他,还是就此分手,我以后还是找那些遵守这套规则的人一起玩?

你考虑怎么做的前提,就是接受这个人这么做了,是事实。

"应不应该"已经没有意义了,对方已经做出来了。

什么时候接受这一点,什么时候就可以投入新的互动中。

当然，如果还不想面对这一切，不妨在一定范围内沿用"应不应该"这个"护城河"，构筑自己的安全感，让自己相信世界就是在这套规则内运行。运气好的话，你会遇到遵守这套规则的玩伴。但如果运气不好，遇到不按套路出牌的人，最好不要在这个人存在的"合法性"上浪费太多时间。你反应越慢，危险往往也就越大。就像春秋时的宋襄公，守着自己的战争规则，却被不守规则的人打得措手不及。

也许他到死都还在纠结："这些人，怎么这样啊！"

（文中案例信息系虚构）

如何正确安慰一个倒苦水的人

我们听着，赞同、安慰，但是绝不把它看成是对我们的召唤。

一

崔璀同学曾写了一篇文章《你委屈个毛线啊》，骂醒了一个委屈的闺蜜。大家都觉得很解气，纷纷模仿她的样子，对自己身边的人（闺蜜／伴侣／父母）说："不要再说委屈什么的了！你明明是为了自己！"

结果，被说的人纷纷表示更委屈了……

"我连委屈一下的权利都没有吗？"他们说。

权利，是可以有的。

但是小心，它太容易让人不爽。

委屈这种情绪有一点儿特殊。一个人在表达这种情绪的时候，不仅仅是在自说自话，同时也很容易唤起别人的照顾。因为他们显得特别"可怜"、特别"无助"，让人心生怜惜。但是，别人真的被这种情绪吸引了，给予他们额外的关照，很快又会发现他们并不需要帮忙，有一种被耍的感觉。

你可能很熟悉这种对话的模式：

"你知道她有多过分吗？欺负我欺负到不行……"（哭）

"真的好过分！就不能跟她讲道理吗？"

"讲过啊，没用啊……"（大哭）

"那你跟她撕啊！要不要我陪你？"

（深明大义的）"无所谓了，大家朋友一场／同事一场／婆媳一场，以后还要相处，弄得那么僵也不好……"

或者（跟老人经常有这样的对话）：

"家务活太多了，腰酸背痛的。"

"那我带你去做个按摩？"

"没必要，休息休息就好了。"

"明天我帮您做吧。"

"算了，你上班也怪忙的。"

"要不然，咱们家请个保姆吧。"

"唉！不用了，交给保姆我也不放心。"

有没有觉得哪里怪怪的？

搞出那么大一个问题，他们居然又"无所谓"了！

本来是他们在抱怨，问题是他们摆出来的，别人热心帮忙解决问题，忽然间画风突变，变成了别人独自面对问题，他们倒在一边袖手旁观了。

二

为什么会这样？崔璀说得好：

因为"不得已"的另一面是"我想要"。

大部分难以解决的问题，换个角度来看，往往都是一个人主动的选择。抱怨的时候，听起来好像是无力反抗，忍辱负重。然而，一旦我们真的提供了资源，让他们有机会去改变了，就暴露出他们内心的真实态度了。

他们还会选择现在的生活，仅仅只是想抱怨一下。

那我们到底是在替谁着急呢？

我听一个朋友讲过一件至今让她难以释怀的事：一次，她的好朋友遭受了男友的暴行，找她哭诉，她当时义愤填膺，打电话过去把男生狠狠骂了一顿。好朋友要分手，她当然鼎力支持，还在自己的房间收拾出一块地方，让她可以暂住一段时间。结果好朋友想了几天，下不了决心，还是跟男友一起回了家。

我的朋友快被气死了。她感觉自己反而变成了挑拨人家分手的小人，尤其再遇到那个被她臭骂了一顿的男生，她都不知道该用什么表情面对。

这种事情遇到得多了，我们自然会积压一肚子委屈，需要吐槽。这些故事告诉我们，别人对他的生活进行抱怨的时候，千万不要急着去帮忙。首先判断一下：对方是真的需要我帮忙吗？有没有可能，那就是他自己选定的生活，他也根本不想改变它，只是想找个地方（就是你）倾倒一下苦水？

跟倒苦水的人和平相处，是一件需要特别修炼的事。像崔璀那样骂醒对方，让对方从此改掉抱怨的习惯，可能是最根本的办法。但如果一时半会儿改变不了，那就需要先改变我们自己。最重要的原则是：保持适度的冷淡。

多数人都有一个自动的反应模式：别人找我们倒苦水的时候，我们就忍不住替他想办法，甚至帮他解决问题。因为在我们听来，"倒苦水"就等于"求助"。而保持冷淡的意思，就是从我们心里把这两个东西分开，"倒苦水"仅仅就是"倒苦水"，我们听着，赞同、安慰，但是绝不把它看成是对我们的召唤。

具体地说，就是这样一种对话模式：

"你知道她有多过分吗？欺负我欺负到不行……"（哭）

"真的好过分！"

"更过分的是，她还……"（哭）

"唉，太过分了。"

"对啊，你知道跟这样的人在一起我有多惨吗？"（大哭）

"真的，你好惨哦。"

虽然在情感上无限认同和接纳对方，但是绝不假定对方此时需要我们的帮助，以至于主动提供建议，干预，或者出手帮忙。换句话说，保持一种"我全身心地同意你，但是我不会主动要求你改变"的状态，你不动，我不动。

这可能会让我们觉得自己很冷血无情，但是换一个角度来看，我们至少留给了对方表达委屈的空间。你说你的，敞开说，我保证做一个好听众。这样做，是把"委屈"还原为一种纯粹的情绪，任何人都有表达情绪的权利。

这对他们来说也许已经够了。

三

理解你的痛苦，但并不建议他们改变，或许也是对他们的尊重。既然我们相信每个人都在选择对自己最好的东西，我们就应该有足够的底气：虽然他们看上去悲悲戚戚，但他们正在从自己的选择中获益。只要没遇到特别极端的情况，这些选择就应该被尊重（无论旁人是否觉得有更好的主意）。在他们声明自己想改变之前，不要武断地替他们下结论，觉得"这样不好，你应该改变一下"。

老人抱怨家务活太多，腰酸背痛，但这是他们的选择。虽然在子女看来，"请保姆"是更好的做法，但子女也许并没有看到老人真正想要的东西。

这时候不如放手，让他们我行我素就好。

而不要气呼呼地觉得："既然你也不想请保姆，以后就闭嘴，不要抱怨！"

有时候，冷淡的相处自有一种温柔和善意。那意味着：我接受你按自己的想法生活。哪怕你不断强调你的痛苦，我仍然相信你有为自己做主的能力。

和倒苦水的人在一起，这或许是最容易的相处之道。

而这样做的代价，就是时常怀疑自己是否太冷血，对他人的痛苦视而不见。有时候，"委屈"会变得特别难以忽视，像一个诱饵，勾着人忍不住要做点什么。记住，仅仅是保持关心、倾听和温暖回应，同时克制想要改造对方的想法，这样对你和对方都好。如果实在担心自己太冷血，非干预一下不可的话，那我再教你一招：始终用提问的方式，确认对方是否真有改变的打算。

"家务活太多了，腰酸背痛的。"

"好辛苦，你打算找别人帮你做吗？"（而不是"请个保姆吧"。）

我不是想改变你，我只是在确认你的想法。

"我男朋友脾气太暴躁了，还打人。"

"太可恶了。那你接下来的打算呢？"（而不是"那就跟他分手啊"。）

这种"你打算怎么办"的提问，永远比"我建议你怎么办"更好用。记住：选择的权利在对方身上。虽然我们总觉得自己有更好的办法，但那只是因为我们不够理解对方，而不见得是对方真的想不通，非要别人提点。这样，他们拒绝改变的时候，我们也就不会那么挫败。我们会在心里默默地说：

"好的，我知道这是你的选择。我尊重你的选择。"

你的好心指点有时会适得其反

创造一个纯粹留给对方的空间,在这个空间里他是自由的,只有真实的反馈需要面对,而没有谁规定他必须"怎么做"。

一

我见过一些人,常常指点别人:你应该怎么做,不应该怎么做,怎么做对你最好。这当然是一片好心,但这种好心有时会让人不大舒服。

我女儿还小的时候,有朋友来家里做客,一起吃饭。一道菜女儿嫌不好吃,怎么喂她也不张嘴。客人帮着劝:"多吃蔬菜好,不吃菜就长不高哦。"女儿反正也听不懂,就是坚持不吃。我们赶紧打圆场,说不吃就算了。客人有点儿不理解:"怎么可以算了?小时候的习惯养不好,长大更会挑食的。"

当天稍晚一点儿的时候,她又语重心长地告诫我:"不是我说,你对孩子有点儿太娇纵了，什么都听她的——有些事，该坚持的就要坚持。"

我心里很生气，恨不得立刻反驳。反驳倒不是为了真理。她说的话对不对，对当时的我其实也不重要，我根本无暇思考养育原则那种问题。在那之前，我就已经被情绪填满了。就算她说地球是圆的，我也想要辩上一辩！

我扪心自问，不是一个听不进负面意见的人。有时候我写了文章，别人告诉我不爱看，我还充满感激地问："哪里不好？看到哪一段的时候开始不爱看的？"对我来说，这些都是非常宝贵的意见，它们让我知道，我的文章在别人眼里会是什么样子。有些地方我自己写得很得意，但是读者读下来感觉并不好，我会思考原因，并且调整写法。如果没有别人的反馈，这些进步就谈不上。

但是如果一个人告诉我："你的文章我不喜欢，建议你把这一段删掉，还有这一段，结尾的逻辑也要改一改。"我那种不舒服的感觉就来了。

二

在我看来，这两种表达有本质的差别。

前者是一个诚实的读者，这是我需要的。而后者不仅是一个读者，同时也在扮演一个指导者。那些出于善意的建议，其实也在暗示："在写文章这件事上,我比你更专业,你只要按照我说的做就行了。"当然,他可能确实很专业。在写文章这件事上专业的人很多,所以虽然不快,但我大概还能接受。

而在做父母这件事上,这种暗示就有一点儿越界了。毕竟,没有任何人有权对任何人说:"在你的家庭、你的孩子、你们的关系上,我比你更专业。"

如果我的朋友换一种方式表达,说:"我有一点儿疑惑,孩子挑食到底该不该顺着他们呢?我们家孩子我是坚决不顺的,但是看到你这样,我又有一点儿拿不准。"她把这种疑惑表达出来,我猜我会很有兴趣,会认真思考养育边界的问题。也许我们会有一场愉快的讨论,对每个人都有启发。她参考自己的经验,提出了一个现象。作为一个讨论空间,每个人从各自的视角去解读这个现象。

但是当她说"你对孩子有点儿太娇纵"的时候,她用自己把所有空间占满了。不需要讨论,她把自己树立为权威,而我只可以按她的意见去做事。

这当然也不能怪她,也许在她看来,她代表的就是正确的意见。给孩子树立规矩——这事有什么好讨论的呢?好,就算如此,你有一个正确的意见给别人,你的态度仍然很重要。当父母或老师的人,常常会遇到这种状况:孩子或学生明明犯了错,明明有更正确的做法,这种时候,直接告诉他们难道不对吗?

我们从孩子的视角看一看。

毫无疑问,孩子需要知道他们犯了错。但知道这一点,这件事情并不算完。他们还需要思考下次怎么样做才能不犯错。"犯错"是一个结果，而"怎样做才不会犯错"，这是一个过程。这个过程，其实要由孩子自己想办法解决。哪怕直接向父母或老师求教，也是一种解决的方式。

比如这种情况：

父母："你这样说话，你的朋友会伤心。"

孩子："是吗？哦……嗯，可是，我不知道该怎么说。"

父母："你应该这么说……"

这是常见的一种良性互动。在这段对话里，孩子说"我不知道该怎么说"，这句话并非毫无意义。它代表了孩子在为自己的言行负责。经历了短暂的思考，没有找到答案，于是邀请父母给自己提供帮助。他想解决问题，出于自己的需要（不让朋友伤心），而非别人的干涉。虽然父母提供了权威的意见，但自始至终孩子才是自己的主人。对比另一种情况，可以看出差异所在。

父母："你这样说话，你的朋友会伤心的。你应该这么说……"

孩子："知道了。"

从孩子的角度感受一下，就知道后者的体验要差很多，知错固然是知错了，但是被耳提面命地灌输了一通道理，总归还是会有点儿不是滋味。

但是仔细对比一下两种说话方式，你会发现父母说的话几乎没有什么不同。最大的区别不是说了什么，而是在给出建议之前等一等。等孩子邀请的时候，再提出进一步的建议。这就创造了一个纯粹留给对方的空间，在这个空间里他是自由的，只有真实的反馈需要面对，而没有谁规定他必须"怎么做"。就是这么简单的等一等，对很多人来说都很难做到。眼看马上就要成为那个权威了，要在这时候停下，把权利交给对方——有多少人忍得了这种诱惑呢？

▷ **不评价的交流方式是怎样的**
通过不带有评价的交流，我们在做一件事：描述经验本身。

一

在我所教的督导课上，我要求学生不要用"评价"的方式讲话。这不太容易，他们一开口忍不住还是评价。怎样是评价，怎样是不评价，他们并不清楚。

一些人误以为不评价的意思就是不批评。他们用赞美的语言："你这里做得非常好。"或者："我认为你是很优秀的咨询师。"但这还是在评价。

有关儿童教养的研究发现，"赞美"孩子并不总是有好处。有研究者让不同的儿童解数学题。解完一组简单题目后，研究者给了每人一句反馈。对一些孩子赞美他们的智力："哇，你太聪明了！"而对另一些孩子指出他们的努力："你刚才很用功。"然后，研究者给孩子们更困难的一组题目。因为聪明而受到赞美的会更担心失败，他们倾向于完成难度较低的任务，遇到困难更难坚持，易焦躁，甚至表现出自尊水平的下降——赞美他的天赋，居然会打击自尊！

乍一听这与我们的直觉相反。但细细一想，又很符合我们的经验。

虽然赞美让人舒服，但它仍然是一种评价。它把人捧到极高处之后下一个结论，这个"结论"很可怕。当我们受到赞美之后，我们常常害怕自己配不上这种赞美，会为此平添不少压力。出于压力，我们会更愿意重复相同的工作——既然我这样做了就是好的，为什么还要冒险去尝试更多的可能呢？

更严重的情况下，我们干脆什么都不做。"你们都夸我文章写得好，但我也不知道是如何好法，我怕再写下去就会露怯。"我们用放弃来回应赞美。

如果对一个小孩说："哇，你这幅画画得太美了！"或者夸一个孩子下棋赢了："你是小棋王！"他会很开心。但再让他画一幅或下一局，他可能就会踌躇。

二

评价接近于一种定义性的表达。对于它，你只有接受或者不接受，但很难有更多延展性的探讨。如果是现实的交流，很可能造成冷场：你都已经下结论了，我们还说什么呢？从这个角度讲，赞美甚至比批评更容易终止一个话题。批评好歹还可以反驳：你说我不好，我不同意！但是赞美怎么办呢？反驳也不妥，但承接下去又没有再讨论的余地。大家聊得好好的，我突然来一句"我觉得大家都很好、很好、很好"，这会让场面的气氛暴冷。要继续聊，只有忽略这句话。

不评价的交流方式是怎样的呢？它只关注具体发生了什么，而不是进行抽象的判断、定义以及对人的褒贬。一个不评价的老师，会这样问学生："你最近常常不做作业，发生了什么呢？"而一个评价性的老师则会说："你最近怎么老不做作业？"前者是在关心一件事件的发展过程，而后者就只是在训诫。

后面的这种情况，老师根本不在意理由，他只关心对学生的定性，而这件事他已经做到了。"承认吧！你就是个差学生。"仿佛是这样的潜台词。可以嗅到明显的拒绝气味。如果你是这个孩子，只要低头认罪就好了，什么都不用多说。

通过前一种表达方式，我们则会更接近事件的真相。也许这个学生遇到了一些麻烦，也许他最近有了一些新的想法，或者他在用这种行为传达某种态度，或者还有其他的可能性。当我们采用一种非评价的立场时，就等于为这些信息的流通创造了空间："说吧，让我看到它，我对你经历的这些事感到好奇。"你无须辩解，只需要单纯地描述你的经验就好，这就是我们此刻关注的。

通过不带有评价的交流，我们在做一件事：描述经验本身。

对经验的描述看上去最简单，但往往也最有力量。对于事物的认知和相互确认，远远比哪怕挖空心思给出的"赞美"更能表现出重视。对画画的孩子说："这是你画的山，这是河水。啊，河水里有一只船，船上这个人是在钓鱼吗？哈，你还给他画了帽子！嗯，你在这边画了一个太阳，这边画了一个月亮，那是白天还是晚上呢？"你关注的是具体的细节及过程。这些话里没有褒贬，但他们会感到自己做的事被看见了。他们会乐于跟你讨论，也会更有兴趣继续做下去。

当你评价别人的时候，你其实已经假定了自己比别人更"懂"。但如果只是描述自己的经验，不懂的人也可以做到。我上学时朗读英语课文，我父母完全听不懂，但他们会说："我们听到你一开始朗读的语速很慢，声音很响亮，越到后面就越快，声音也越来越小。"这样的反馈对我来说有价值，我知道他们在认真听。这远比说什么"不错，读得真好"要让我感到舒服。

不懂装懂的人，往往更容易武断地评价别人。在我的课上就是如此，当我问学生"你对刚才这段话有什么反馈"的时候，他可能会这样（常常略带一丝慌乱）回应："我觉得很有道理。嗯，是这样。"事实上，他真正想说的是："我没有反馈，我的大脑一片空白，我刚才是走神了。"

我们都有过走神的经验。一些人认为它是不可以公开说出来的，因为对"走神"有评价：学生上课走神，说明我不够好。同样，我们对"不懂"也有负面的评价，这才被迫"装懂"。所以你看，正是评价导致了这一部分经验无法被描述，造成的空洞就只好用更多的评价来填补。其实，所有的经验都没有好坏之分，心头的一闪念也是大拼图中的一小片。即使走神，也不是一种值得批斗的恶习，它只是一段经验。"刚刚发生了什么，以至于你走神了？"你可以这样问。

三

当我们观察一次别人走神，我们就有机会认识到走神背后的东西。可能是这个人最近的某种困扰，也可能是互动中潜伏的某些问题。我们对彼此的理解都会更深。不评价是一种温和的邀请，邀请我们打开自己更多的方面，同时也看到对方更多的方面。

在我的督导课上，我不希望学生仅仅说"咨询师做得非常好"。我好奇的是，你有哪些好的感觉，在什么部分？是哪一句话、哪个动作，还是哪个眼神，让你产生了这样的想法？还是说，你感觉到咨询师的脆弱，格外需要你这一句肯定的话？又或者你找不到别的话，才用这句万能的评价来敷衍？如果是最后这种情况，你真的是脑子一片空白，还是有话又不想说？你藏起来的是什么呢？

我不希望学生仅仅说"我认为上这个课没有收获"。我好奇的是，在上课的这段时间里你有怎样的体验？是困得想睡觉，烦得坐不住，还是脑子里复杂到无法思考？你所收获的信息是否都在预料之中？你是否失望？哪些部分使你有失望的感觉？

我也不希望学生仅仅说"我觉得你做得不够专业"。我首先想知道，这里的"专业"是指什么？如果是"不够温暖"，那不妨这样描述："刚才你说到这一句的时候，我感觉不太舒服，也许是你的语气带来的，我有一种联想，好像你没那么在乎这个来访者的感受。"或者他想说"没有足够多的理论支持"，那不妨说："我注意到你的话里理论名词特别少，让我有一种不安全的感觉。"

一开始适应这种交流方式会很麻烦，但物有所值，通过这种交流方式，我们会拓宽对经验世界的认识，也会加深人与人之间的理解和联系。当然，前提是我们对这个人感兴趣，而且发自内心地愿意陪他一起探讨各种经验。

是的，通过不评价的交流，我们表达出对人的兴趣。在前面的儿童研究中，还有一半的结果没讲出来，那就是另一些因为努力被赞美的孩子，会更愿意尝试新的挑战。一些研究者把两者的差异解释为：努力可控，而聪明不可控。但我还有另一个解释：努力是一个长期过程，并且充满了开放的可能性。当我们关注一个人的努力时，我们实际上是在说：嗨，你做的事我都看见了，而且我有兴趣继续看下去。

本文关于儿童的研究参考于：

Mueller,C.M. & Dweck,C.S. (1998).Praise for intelligence can undermine children's motivation and performance.*Journal of personality and social psychology*,75(1),33

▷ **人自私一点儿，未必对别人没有贡献**
你发现他自私的一面，也许反而更好。

一

每当快到父亲节的时候，总想着从爸爸的角度写一篇文章，吹嘘一下父爱的伟大，但是很难。像我这种爸爸，实在没法跟"伟大"一类的词沾边。

首先，我不记得自己为家庭付出过什么。一大半的时间交给了工作，对家务事很少上心，倒是常常享受家庭的便利。对孩子的态度，就好像是多了一个大公仔，高兴的时候举起来原地转圈，不高兴的时候爱搭不理。人又粗心，手也笨得可以，遇到重要的事，好像也指望不上什么。要说因为过一个节日，就人模狗样地站在"父亲"的立场上自吹自擂，我实在没有那么厚的脸皮。

当爸爸很容易就会当得"不伟大"。

这有很多方面的原因。最重要的，是爸爸缺少十月怀胎这个过程，又不曾给孩子喂过奶，为孩子的付出天然就少了一大块。开头是这样，后面一步步地就会越落越远，在家里变成一个"指望不上"的存在。当然也有爸爸凭着一腔浓情，奋起直追，最后比当妈的还要像妈，但这里讨论的是一个普遍情况。

另一方面是忙。这听上去像一个借口，妈妈们会没好气地说："光是他忙？我不也一样要上班，要赚钱！"但实事求是地讲，男性在事业上投入的精力还是会更多一点儿。就算爸爸本人想要顾家，说不定也会难以推托，身不由己。"你干吗急着回家陪孩子？妈妈不是在家吗？"——外界的说法是这样的。

再一个呢，当爸爸的时常遭人埋怨。无论是在家里，还是在舆论的大环境中。我翻朋友圈，时不时地看到《爸爸，你再不陪我我就长大了》《你赚再多的钱，没有给孩子充足的父爱，则一切都等于零》一类的劝诫性文章，每当这时我就很替转发的人感到可惜。有个小秘密：我们通常以为读到这种文章就能让一个人迷途知返，但恰恰相反，埋怨的声音永远在把对方往外推。被这种声音搞烦了，很多男人下班宁愿在车里抽烟或是去小酒馆买醉，也不想回家。

二

"伟大"这种东西，大概就是与爸爸无缘吧。

但我并不是想要替爸爸鸣不平。在某种意义上，没有被"伟大"这样的词绑架，这是爸爸们的幸运。可以不靠谱，懒散、自私、不负责、笨手笨脚……反倒成全了他们的逍遥自在。"伟大"反而变成妈妈身上沉重的枷锁。

人要怎样以一种"不伟大"的姿态活着呢？

我觉得夸一个人伟大也好，无私也好，奉献也好，都有一点儿怪怪的，像是在拿一种精神上的激励，诱使这个人平白无故地多付出一些。可能因为这个，每年到母亲节的时候，我都不喜欢听那些歌颂母亲无私付出的礼赞声，好像在说："我们感谢你，过去一年你吃了很大的亏！今后也请你继续啊！"

我当然不是提倡忘恩负义，别人做的事情不值得感恩。然而感激是一回事，给别人的行为赋予道德上的崇高感是另一回事。说得直白一点，后者往往出现在我们对别人心怀愧疚的时候。就像我们在饭店吃到了美味的菜肴，我们称赞并感激厨师的手艺，却不会把他的工作跟"无私付出"一类的词扯上干系，因为我们必须付钱。他工作，我埋单，这是对双方都有好处的互惠关系。那么，在什么情况下，才把他树立为伟大的道德楷模呢？在他赚不到钱的时候。换句话说，就是我们吃白食，自知理亏的时候。这种情况自然是越少越好。

"伟大"的另一面，往往是亏欠感。

孩子们在母亲节的时候写作文："白发爬上了你的双鬓，眼角也长出细细的皱纹……"把妈妈感动得泪眼婆娑。但是同样的话就不会拿来歌颂父亲，比如说："你的发际线为了我而消退，健美的腹肌也胀成了皮球。"谁看到这种话都不会感动，只会笑掉大牙。这说明什么呢？说明妈妈在家里的地位比爸爸高吗？刚好相反，说明在集体无意识中，我们知道妈妈被亏待了，而爸爸没有。

我们不会把爸爸的青春消逝记在孩子的账上。爸爸很辛苦，但那是为了爸爸自己的工作和爱好。长出啤酒肚也是因为他太懒，怪不得别人。

这一点儿都不冤枉，能被这样看待是很轻松的。

孩子解脱，妈妈解脱，爸爸自己也解脱。

我不知道爸爸能不能体会到这一份轻松。老爷们儿聚在深夜的酒馆里，嘟哝着"男人难做，在家里一点儿地位都没有，这也不好，那也不好"，一边"走一个"的时候，是否意识到：他们能坐在这里，抱怨自己的处境，抱怨自己不想为家庭付出还被不断地追讨，这不恰好证明了他们可以选择吗？

三

相比之下，妈妈根本没得选，因为她们很"伟大"。

一切事情跟"伟大"沾边之后，味道都变了。我在《一切为了孩子吗？我们以他之名，去向何方》中就提到过，最好不要把为人父母看成多么伟大的事。如果你不是因为"想要"一个孩子而成为父母的话，那是因为什么呢？试问，你因为想要一个孩子，才付出现在这一切，跟你想买一台酷炫的跑车，才努力工作赚钱有什么本质区别呢？这有什么好炫耀的呢？

但前提是一个人要有选择的权利。他现在所做的事，是因为他想做。

爸爸们占的便宜就在这里——他们能够相对轻松地做出选择。我选择这样，或者选择那样，然后为自己的每一个选择付出代价。工作是一种选择，每天下班回家玩手机也是一种选择。代价无非是被念叨几句而已，反正也听习惯了。太太们愤愤地彼此吐槽，一个说："真是的，那么大人了每天还在玩游戏！"另一个说："男人都一样！我们家的也是这样。"有时候，吐槽也就代表了默许。

或者会遇到一个挑剔的太太，坚决不能凑合，那就离婚各过各的。那也简单。就像不好好做饭就被炒鱿鱼的厨师，也是在为自己的行为承担责任。最糟的不过是，被看成是一个坏人。可是，能成为坏人，也是有选择的权利啊。

想一想，这真是很不易觉察的宽容。

四

女人当然也可以选择，但付出的代价太大了。无论是选择不当妈妈，还是当一个不那么靠谱的妈妈，都需要比男性多得多的勇气，更不用说选择当单亲妈妈了。虽然付出这一切未必有什么不情愿，但其中一星半点儿的无奈，总觉得不能完全被无视。这恐怕就是妈妈被认为是"伟大"的原因吧！

说来抱歉，东拉西扯了半天，并没有谈到身为一个不靠谱爸爸的反思，反倒理直气壮地扯到"个人选择"上，好像在为男人们的不靠谱找理由一样。但我真的不认同"伟大"，所以也确实找不到立场，去用崇高的语言号召什么。

我只能讲一些父亲不够伟大的故事：我有一个朋友最近换工作，有一段空档期，就带两个孩子出门玩了两个星期，教大儿子游泳，教小女儿骑自行车，而且主动提出不用老婆陪。妻子一直盼着有一段时间可以自己待着，这次整整有了两周的假期，特别开心，觉得我这个朋友总算开窍了，承担了做父亲的义务。

朋友不屑一顾："没事，我只是找人陪我一起玩……"

他不觉得这是尽义务，只是为了自己找乐子而已。然而听到的人还是夸他："你独自带孩子，让老婆在家休息，这个决定还是很了不起。"

朋友不得不接受了这些褒奖，但私下有一回说了心里话："让她在家待着，是因为她总害怕孩子磕着碰着，带上她，我们就玩不爽了！"

讲这个故事是为了说明三件事：

第一，妻子永远不能指望老公有多"伟大"。

第二，人自私一点儿，未必对别人没有贡献。

第三，你发现他自私的一面，也许反而更好。因为你知道了他做的事，反而因此拿到了好处。就像我这个朋友为了赔罪，还答应带老婆去一趟马尔代夫。

3

亲密困境：
你是否缺乏获得幸福的勇气

▷ "凭什么每次让步的人都是我?"
对亲密的依赖和恐惧让我们彼此靠拢、彼此伤害,又彼此珍惜。

一

我常常被问一个问题:"作为心理咨询师,你会和爱人吵架吗?"

答案是当然会。

"难道心理咨询师不是最能理解别人的人吗?"

事实是,关系永远是需要两个人平衡的。要往哪里去,很难以一方的意愿为主。朋友吵架的时候,我们都会劝:"你多体谅 TA 一下不就好了?"好像那是 TA 本人可以掌控的事。换到我自己身上,就知道这只是站着说话不腰疼。我能理解爱人的怨气,也体谅她的不容易,但冲突还是避免不了。有时候我甚至有这样的经验:明知道低头道个歉就可以避免冲突升级,但就是做不到。

这不是一句"倔强"就可以解释的,"凭什么每次让步的人都是我?"

我有一个来访者,每次跟老公吵架,一怒之下就会夺门而出,然后漫无目的地开车到处走。她告诉我,其实她每次走不远就冷静下来了,后悔自己太冲动,也想不到还能走到什么地方去。这时就等着手机响。只要老公随便表示几句,"行了,别吵了,回家吧",给个台阶,她就会心甘情愿地回到家。

但让她寒心的是,老公从来没打过电话。

有一次她索性豁出去了,找了一家酒店连着住了好几天。几天之内两口子完全没有联系。到最后她实在是心慌得不行,感觉婚姻都要不保了。一咬牙回到家,见到老公,两个人又大吵一架。她本来是想这件事说几句就算了,两个人重新过日子。结果吵着吵着,又闹到非离婚不可的地步。

她把老公也带到了咨询室。后者也有委屈:

"她回家的时候,我还松了口气,以前的事都不提了。没想到她一见我就吵,好像她还有理了!"

"废话,这么多天你一个电话都不打!"

"你也没给我打过啊……"

两个人重复着已经进行了无数次的争执。

我试图让他们把自己的感受说出来。

"我已经跑出来了,如果他不叫我,我怎么可能再跑回去?我是女人!"妻子说,"其实最后还是我主动回去,想到这个我也有点儿委屈。"

老公说："跑出去的人是她，凭什么要我把她追回来？"

他们两个都把自己放在骑虎难下的困境中，这种状态我也有点儿理解。我问："好像你们双方都知道怎么挽回这段关系，但是都不可能去做。"

两个人同时点头。妻子认为，如果每一次自己都会主动回家，"离家出走"这一行为就失去了原有的威慑性。老公则认为，如果自己主动打电话追回妻子，某种意义上就等于是在求饶，这变相肯定了"离家出走"的效果，妻子之后也许会变本加厉，把他玩弄于股掌之中。"有一天她不要我了怎么办？"

表面上两个人都很倔，其实内心都软弱得要命。

二

他们的倔强（或软弱）恰恰是相爱的一种证明。人们之所以会吵架，本质上都是因为太在乎对方。当我们在关系中的期望得不到满足时，吵架可以让我们确认自己还在被爱——即使是用一种让人非常不舒服的方式。不管我多么强硬，或者多么激烈地坚持我明知道做错的事情，多么想通过伤害彼此的方式来定义我们的关系，本质上都是因为我知道自己的无力，在你面前我根本没办法保护自己。

我们真正想表达的是：我在意你。

但很多时候，彼此的这种"在意"无法直接表达。表达意味着让步，而先让步的一方往往会陷入巨大的不安中。不管他或她在理智上多么相信对方和自己一样，他或她仍然需要用表面的强硬保护自己。上一个例子中的老公，即使后来已经相信只要打电话妻子就会回家，也会选择用一种不屑一顾的语气对着手机说："喂，你后悔了就赶紧回来，听见没有？"

那意思是"你爱回不回吧，我也没那么在乎"。那份强硬，是为自己的软弱找到的最后一块盾牌——"我害怕被拒绝，所以我必须表现得满不在乎"。

如果另一方只听到他的强硬，也许会针锋相对，使矛盾升级，这让双方陷入更大的不安中（你看，你果然拒绝了）。除非妻子真的能听出来，老公从不打电话到打这个电话，他已经努力做出让步了，强硬的背后是他的不安。

但有几个人能在吵架时还听得出对方的软弱呢？

那么，首先需要正视自己的软弱。

软弱没什么不好，它恰好是伴侣当初走到一起的理由。因为软弱，我们相互依赖，我们从内心深处需要对方，希冀对方对自己好一点儿，同时我们又知道自己对这一切无能为力，随时朝不保夕。我们还知道，同样的感觉对方也有——对亲密的依赖和恐惧让我们彼此靠拢、彼此伤害，又彼此珍惜。有时候，关系中的双方是想通过吵架，提醒自己不要忘了这一点。

（本文案例信息系虚构）

▷ **回一次家受到一万点伤害？**
每个人都局限于自己的立场当中。

一

饭桌上，奶奶问："你在北京一个月挣多少？两万？什么工作能挣两万？"

大伯打个酒嗝："两万？北京现在房价都六万了！两万在北京，不吃不喝，多少年买得起一套房子？我早跟你爸妈说，让你考公务员。公务员工资是不高，可单位管分房子啊！你看我们院里那谁的女儿，人家在××部……"

你埋头默默扒饭。

妈妈说："是呢，还不像你累死累活的，每晚熬到 12 点。"

姑姑说："熬夜对身体不好，年轻时不觉得，老了以后就知道了。"

姑父剔着牙："还是小城市好，生活节奏慢。"

姑姑说："也没有雾霾。对了，你每天出门有没有戴口罩？"

……

你压住了心里的烦躁，打开手机，反反复复对着微信狂刷。这时你忽然无比想念北京的小伙伴们——来人啊，现在让我加个班也好啊！

亲戚们还想再聊下去，但是总会有一两个识趣的察觉到气氛不对，于是慢慢转移了话题。他们不知道又是哪句话触动了你"敏感"的神经。

背着你的时候，他们悄悄感叹："唉，北京……生存压力太大了。"

"本来挺开朗的一个孩子，现在都这样了。"

二

你带孩子去拜年。主人逗孩子："留在我家不走了，好不好？""你爸爸妈妈已经商量好了，要把你送给我们。"孩子"哇"的一声哭了。大家都笑了。

你肯定愤怒，但是就算真的表现出愤怒来，板起脸把话说清楚，主人也不会觉得自己做错了什么，只会想："啧……这个人怎么开不起玩笑？"

是吧？你咬牙切齿："这不是玩笑！"

"好好好，对不起，叔叔错了，以后不说了……"

所以才说你"开不起玩笑"啊。主人在心里翻了个白眼。

三

父母跟女儿进行了第一千零一次严肃会谈。

"我再跟你们说一遍,找对象这事不是我一个人就能说了算的。我是想找,也要能遇上合适的人啊!遇不上,我也没办法,你们光逼我有什么用!"

"你少说这些漂亮话。你嘴上说想找,心里根本就是不想找。"母亲说。

"你怎么就不信呢,我真的想找!"

"你要真的想找,你就主动出门去认识更多的人了!你每天一下班就回家,吃个饭都恨不得叫外卖,就这样再过十年也遇不上合适的人吧!"母亲气得眼泪都要下来了,"明明就是自己态度不端正,总是找外界的原因!"

女儿也气得不行:"我说的话,你到底听到没有……"

"我听到了。你自己也算算,这两年给你介绍过多少个?每个都是刚见一面就说不行!一个不行也就算了,难道个个都不行吗?赵阿姨介绍那男孩多好!先处几天试试总可以吧?结果连理由都不给就拒绝了。你说这是不是态度问题?"

"我给了理由啊:我没感觉。您听懂没?我,没,感,觉。"

女儿气冲冲地回到自己房间，把门锁上。

母亲气得好长时间说不出话来。"没感觉？"她转过头，寻求老伴的支援，"你说，这不是找借口是什么？她倒是去找一个有感觉的啊。感觉也是慢慢培养出来的啊，哪有一见面就有感觉的？就她这种态度，还不能说？"

女儿在房间里给闺蜜打电话，带着哭腔："……她的意思就是，问题都出在我身上，是我不肯将就、不肯凑合。把女儿嫁出去怎么就那么重要呢？难道为了让他们满意，我就活该去找一个自己不喜欢的人过一辈子吗？"

四

从前，上别人家拜年，吃顿饭就是很好的招待。瓜子、花生、糖果一把一把地往孩子手里塞，这就是无上的热情。现在，吃东西只是一种形式而已。

发红包也只是一种形式而已。

但你还得打起精神，假装一切还很让人兴奋的样子，让孩子配合着作个揖，"恭喜发财，红包拿来"。再从远房亲戚手里接过那个薄薄的红包。

然而亲戚举起了手："不行，你要先让伯伯抱一下！"孩子勉强让他抱了，他又凑上来胡子拉碴的嘴，"伯伯亲一下，亲一下就把红包给你。"

你简直搞不懂他的自信是从哪里来的。不就是几张人民币吗，怎么还当个宝贝似的，还要吊个胃口！这是在买优越感吗？赶紧给了不就完了吗？

孩子不干，挣脱掉亲戚跑回来，红包不要了。

"妈妈说，不能随便让别人亲！"

大家都在笑，笑声里有一点儿尴尬。你知道，这时候该你说句话了："哎！你这孩子真是的，伯伯不是外人嘛，伯伯给你红包呀。"哪怕假装这么说一下孩子，大家都下得来台。但你就是不吭声，孩子没做错，干吗说他！

亲戚只好讪讪地笑着，把红包递过来："哈哈，这孩子怕生……"

你可以猜到他心里在想什么。他想的是："小孩子没礼貌，大人也没礼貌。在大城市里待过几年，就看不上我们这些穷亲戚了吗？"而且你知道，这种印象不止他一个人有，还有很多看到这一幕的人都在心里暗暗摇头。

五

你说："这些养生的节目都是骗人的。"

一家人都没有理你，仍然盯着电视。父亲说："你又不学医，你怎么知道？"

你掏出手机:"不信啊?我转一篇文章给你们看。"

你往群里扔了一篇文章,没人反应。气氛明显冷了一些。过了一会儿,母亲说:"你看不惯我们,我们也看不惯你每天吃那么多垃圾食品。"

这下大家开始说话了:"唉,垃圾食品还是少吃一点儿好。"

"转基因……"

"每天喝那么多可乐,碳酸饮料对身体也不好。"

"大城市的生活方式也不健康。"

你发现问题在哪儿了:不是养不养生的问题,而是他们根本就不待见你。

六

妈妈说:"来,我们跟你好好谈一下。"

你心想:妈呀,又来了。

"我知道,我说这些话你不爱听,但我们也是为了你好。你一个人在外面,为人处世要特别小心。有时候得罪了人,都不知道是怎么得罪的。"

你心想:你们得罪了我,也不知道是怎么得罪的……

"你现在有本事了,可以不把我们放在眼里,但你单位的领导、你的同事,你不能不放在眼里。不要任性,不要耍脾气。不管时代怎么变化,关系很重要。"

你心说：谁说我搞不好关系？我只是跟你们的关系搞不好。

"长辈毕竟是长辈，人家说的话你不爱听，也得听着。你脸上那一副爱搭不理的表情，让人家下不来台，归根到底对你有什么好处呢？"

你不耐烦地"嗯嗯"了两声。

"你看，就是这副态度。你以为就你自己有想法，别人都不如你。你啊，就是读书太多，太自以为是了。你就不能虚心一点儿吗？多听听别人的意见。"

你说："知道了，别说了。"

父母叹了口气："你怎么就那么自以为是呢？"

你叹了口气："你们怎么就那么自以为是呢？"

七

我们纷纷去网上吐槽。

《春节自救指南》《如何对付亲戚家的熊孩子》《父母逼婚怎么办》《如何巧妙应对亲戚的刁难》……有人想办法，有人嘲笑，有人感叹，有人怒斥。看到这样的内容我们就忍不住转发和点赞——"没错没错，我家也是这样"。

我们在这里找到归属感：不是我们的错。

回一趟家，受了一万点伤害。我们都是受害者。

但其实，亲戚们只是没有网上的话语权而已。

这不妨碍他们也有一个暗中的舆论阵地，他们也认定自己是受害者，在受尽嘲弄之后，相互唏嘘，转发，点赞：《现在的年轻人真是问一句就不得了》《情商是个好东西，真希望我侄子也有》《你读了这么多书，却还是听不懂一句好赖话》《致大城市回来的年轻人：我为什么要照顾你的玻璃心》……

你觉得错在他们。他们也可以觉得错在你。

不断地切换立场，同一件事情，你这么看，他们那么看。你的想法也对，他们的想法也情有可原。没有人真的十恶不赦，所以你也不知道自己应该站在哪一边。

你生气吗？还是无奈？还是有一点儿自责？或是委屈？

你看得越多，越觉得自己的感受说不清。

每个人都局限于自己的立场当中。我们在大城市里过得不容易，他们在老家也很迷惘。我们看他们这些年来没一点儿进步，他们看我们也越来越喜怒无常。大家看似在一个屋檐下说说笑笑，却各自有各自的委屈。常有人说"憋出内伤"，意思是，明知道他们不是坏人，却被他们伤到不行。而更深一层的意思是，我们也伤害了他们，但这不是我们的本意。这不是一句简单的对错判断、谁是谁非就可以解决的。有人说，我们的一切痛苦都来自原生家庭，那边又有人在呼唤"爱"与"和解"，那么，究竟谁要为这一切负责呢？没有人说得清。

而沟通，真正的沟通，往往还未发生，就淹没于我们的欲言又止之中。

要看清事物的本相，从来都不容易。

要想过得轻松一点儿，只能选择一部分真相，比如把问题推到"他们"身上。

他们思想太陈旧；他们很愚昧；他们没有边界；他们不懂得尊重；他们三观不正……只要他们纠正了思想，认同我们了，问题就解决了。

这些想法也没有错。

或者，选择另一部分真相，问题全都出在"我们"身上：我们太较真，我们没有容人之量，我们不懂沟通技巧。或者干脆想，我们过年干吗非要回家呢？回家尽个礼数就好，干吗非要搭理他们呢……这些想法也没有错。

虽然我们有时也知道，故事，往往不像讲出来的那么结论清楚、黑白分明。

但你是否做好准备，去接受一个更大的故事呢？

▷ **别人说的，可能是真的，也可能是在哄你**
　我对别人的感知，由我做主。

一

　　看过一期《奇葩说》，觉得"被黄执中帅哭了"。

　　这一期的题目是："父母主动提出住养老院，子女该不该支持"。

　　一个在我看来一边倒的辩题。

　　住养老院不是讨论重点，重点是"父母主动"。在"别人主动"后面接任何动作，只要不违反公序良俗，不扰乱社会治安，不害人害己，反对的那一方就在道义上很难立足了；支持的这一方几乎可以不证自明，不战而胜。

　　在黄执中发表他惊世骇俗的结辩陈词之前，我首先注意到他的对手马薇薇。马薇薇站在反对一方，她要辩护的是：就算父母主动提出要住养老院,我们也不要听他们的——这怎么能成立呢?这是公然无视别人的意愿啊!但马薇薇不愧是老江湖,这么困难的立场,还是被她找到了一个"刁钻"的角度。

她说:"父母所谓的'主动提出',是哄你的啊。"

从这个角度一说出来,全场就炸裂了。

从台上到台下,哭成一片。连何炅、蔡康永的眼睛都红了。

很显然,这番话戳中了很多人的痛点。

马薇薇用了一个类比,她说,她跟父母打电话,也是报喜不报忧。为什么?因为懂事啊,不舍得让亲人担心。全场这时候简直收不住泪水了。

大家多多少少都有这种"懂事"的经历。

马薇薇说,父母主动去住养老院,那是他们发扬风格啊,怕给子女添麻烦,你以为他们真想去吗?人家退一步,你就要进一步吗?人家为了体恤你而受罪,你就真的"不懂事"地听之任之,让人家这么"懂事"下去吗?

马薇薇这个论点,很毒。

毒就毒在她明明是在诡辩,却用了一个生活中普遍存在,同时让人百感交集的现象作为支撑:亲人们在彼此面前口是心非。因此不管他们说什么,都不可信。这个现象太普遍了,让人无法反驳。也因此这个辩题被转移了,双方不再讨论"别人愿意做某事的时候,我们应不应该支持",而变成讨论"别人不愿意做这件事,只是碍于情面,不得不说自己愿意的时候,我们还应不应该支持"。

作为辩论来讲，这一把扳得真漂亮。

二

但也因此，这场辩论脱离了养老方式之争，上升到一个新的领域，一个叫作"不可知论"的领域。

马薇薇的论点是，别人说的，可能是在哄你。

但这句话没说完，完整的话是：别人说的，可能是真的，也可能是在哄你。

那我怎么知道是真的还是在哄我呢？

马薇薇的意思是：他们是在哄你，是的是的就是的！父母肯定都想住家里！

这句话，说了等于没说。

不是马薇薇没说清楚，而是根本就说不清楚。因为她亲口说了，父母说什么都不可信。他们说的话如果是真话，就听他们的，如果是谎话，就不能听他们的。但这句话到底是真话还是谎话呢，这得听我的。一旦使用"不可知论"的逻辑，就把最终的裁判权放到了自己身上：我对别人的感知，由我做主。

我猜你是这样，你就是这样。你承认就承认了；不承认，那你就在说谎。

三

在电影《我不是潘金莲》里，处处体现着这种荒诞哲学。法院院长王公道找李雪莲做工作，东拉西扯，最后说明来意，请她今年不要再去北京告状（上访）了。李雪莲说，我今年不告了。王公道愣了一下："你看看，我不绕圈子，你又开始绕圈子了……十年了，年年告状，今年突然说不告了，谁信啊？"

我扶你过马路，你说"对不起，我不想过马路"。你肯定在说谎。

任凭你喊破喉咙："不是这样的！你猜错了！我明明不是这个意思！我的意思已经表达得很清楚了，跟你想的不一样！请你放开我！"

对不起，你说什么都没有用。你可能就是在客气！

这个逻辑感人吗？一点儿都不感人。

在温情脉脉背后，是让人毛骨悚然的绑架。

所以马薇薇这个论点，很毒，也很危险。

站在正方的陈铭显然看出了这一点。他在奇袭中提问："有没有可能，有的父母就是真心想住养老院呢？"这个问题被马薇薇糊弄过去了，大意是说有可能，但这种父母数量极少，等我们这一代老了或许有，在上一代中没有。

但陈铭这个提问，落点还不够精确。

直指要害的问题应该是这样的：

"有没有可能，有的人就是跟你想的不一样呢？"

紧接着的问题就应该是：

"假设一个人真的跟你想的不一样，他要说什么、怎么说，你才会真的相信，他是真的跟你想的不一样，而不是在跟你假客气呢？"

这个问题，马薇薇不可能正面回答。

因为在她的逻辑里，一个人无法证明"自己真的是想这样"。

这是要害，跟住不住养老院无关，跟人与人最基本的信任和自主有关。一旦采用了这套"不可知论"的逻辑，就不可能为一个人的自主权留出空间。

只要你假设了"他说出来的话不可信，我比他本人更懂他自己想要什么"，你就成为那个人的上帝，剥夺了那个人为自己负责、为自己发声的权利。

它可以很温情：他说他喜欢吃鱼头，但我猜他真正喜欢吃的是鱼身子，所以我只给他鱼身子；也可以很冰冷：他得了绝症拒绝过度医疗，但我猜他一定想要多活几天，所以我在他身上插了无数根管子，能撑一天算一天。

你看到这是多危险的一个逻辑了吗？

就藏在全场的欢呼声、掌声和泣不成声背后。

这时候，黄执中出场了。

黄少爷这个人，一个字：稳。

没有他破不了的论，也没有他应付不了的僵局。"力挽狂澜"这个词可以在他身上用一百遍。在这一场比赛当中，当时几乎是一边倒的场面了，已经让人觉得"我不想再听任何逻辑、任何分析、任何道理了，我就是被薇薇姐说得好想哭哦"，他还是有办法在这种不受待见的情况下说出一番道理来。

而且立刻让人意识到：什么？我刚才哭错了？

他不在招数层面上跟人对抗，而是直接把辩题拔高到另一个维度，进行降维打击。基本上，我刚才所说"不可知论"的危险，他全都在结辩陈词中提到了，并且还无比温柔、无比熨帖。他不说这是在替人做主，他说的是："我们就这么猜来猜去，好浪费啊！"

（我怎么就想不到这么温柔的说法！）

对他这种辩论能力，实在是没什么好说的。

去看吧，堪称教科书级别的反转。

但黄执中只是感叹这样很浪费，并没有说怎么解决。作为辩论来讲，不需要给出解决方案。但作为一个人，只要我们还在跟至亲好友打交道，我们就免不了问自己：那怎么办呢？如果别人就是喜欢有话不直说，我该怎么办？

四

事实上，当我们觉得别人"就是"有话不直说的时候，我们已经在采用猜来猜去的逻辑了。黄执中说，我们为什么不能说真话呢？猜来猜去好浪费啊。问题是，别人开口说真话的时候，我们允许自己相信那是真话吗？

生活中我们都见过这种场景，主人和客人相互推让：

"你吃一个苹果？"

"不吃了，谢谢。"

（你想吃，只是在客气。）"这个苹果挺甜的，来一个吧。"

"我真的已经饱了，谢谢。"

（你还在客气，我要是信了，那我太不地道了。）"吃吧，苹果又不占肚子。"

"真的不用了，谢谢！"

"拿着吧！我都给你削好了。"

"好吧好吧……那我吃一个。"

（你看，我就知道你在客气。）

问题出在哪里呢？对方根本就说不出"真话"，即使每一句都是肺腑之言，最终也被硬生生逼成了假话。

黄执中说"浪费"，那都是委婉的。那根本就是封锁了对方的自由意志。

但是生活中，这种逻辑一直在延续。观众在流泪，评委在流泪，说明每个人都有切肤之痛。黄执中喊出"为什么不可以有话直说"的时候，我们报以长时间的热烈的掌声——可为什么大家忍得那么辛苦，却还是不能有话直说？

因为罪魁祸首是我们自己啊！我们自己无法相信别人说的就是真话。

这个问题的关键，不在于说话的人怎么说，不在于客人直截了当地表达"我不想吃"，而在于他表达了，听的人能不能相信。

会不会是他想吃又不好意思说？

我这么容易就退回来，会不会显得我没诚意？

万一人家是在等着我多问两遍呢？

也许他的个性就是有话不直说？

……

有没有看到，这些想法是从哪里来的？

在我们自己心底。我们认定"他是想吃的"，于是被这些想法裹挟，不得不一再坚持，要求对方更改原本的意愿，不达目的誓不罢休。

达到目的了，我们还很委屈："为什么一开始不能有话直说？"

这是一个从一开始就注定了的怪圈。

如果你被马薇薇的立论戳到了软肋，如果你被黄执中的反击当头棒喝，如果你也厌倦了生活中大家都在猜来猜去的方式，你是否真的愿意改变这一切？

首先需要改变的是我们自己。"有话直说"的全称是：我相信你可以诚实地表达你的意愿。重点在我相信，而不在你诚不诚实。我们习惯把"有话直说"的责任加在别人身上，这样我们自己就还是裁判者。但最重要的问题，不是他有没有说真话，而是"管他有没有说真话，你要不要信他一次呢"。

▷ **有时候,"不靠谱"的父母也很重要**
我们用怎样的态度来面对错误,是付之一笑还是事事计较,也许会传递出不同的力量。

一

在这个时代,做一个没心没肺的人越来越难了。

做什么事情都得按照规矩才行。你稍微对一件事不在意,就会有人提醒你:"你知道这样做的后果吗?"其实谁也不能预知,但是书上、网上,前人的经验里处处是教条。人类的理性越发展,知识越完备,越失去了试错的胆量。

单身汉的时候还好,你堵上耳朵不听,耽误的顶多是你一个人的前途。一旦成家立业,生儿育女,你就不得不为家庭和子女的未来考虑。厚厚的育儿书摆在案头,吃喝拉撒都画了重点;每一个过来人都有一大堆心得体会，告诉你有一些错误绝对不能犯；专家们到处鼓吹"父母的无知害了孩子"；公众号则每天推送《95%的父母都忽略了的一件事》之类的文章，推波助澜……

以至于我们都不敢承认：没心没肺地活着，也是一种活法。

而且这种活法，还有一个很大的优点——我们"不怕"犯错。

作为一个没心没肺的人，我坚定地认为，一件事发生了，就不是最可怕的，而我们心里对它的"害怕"，才会导致更大的危害。20世纪美国经济危机的时候，罗斯福总统也表达过这个意思。我们对一件事的恐惧，反而会使我们恐惧的东西变得更加巨大，甚而由虚幻变成真实。契诃夫写过一篇小说《小公务员之死》，讲一个小公务员看戏时不小心冲着将军的后背打了一个喷嚏，便害怕自己冒犯了将军，三番五次向将军道歉，最后终于把将军惹得大发雷霆。

虽然这种说法很不严谨，但总体上我相信，相比于那些谨小慎微的人，不怕犯错的人活得更自在。而且神奇的是，人生之路似乎自有一种平坦。

比如我家人就总担心我不会来事，毕业想留校都不会走关系送礼，很可能会栽一个跟头。在他们看来，编制、户口是天大的难题，不懂一点儿"人情世故"是解决不了的。但我确实就以一种不通世故的方式把问题解决了。就好像新手打麻将往往更容易和牌一样，因为看不到那些坑，也就毫无惧色地踏过去了。

用老话来说，可能就是"傻人有傻福"。

我在喜马拉雅做的音频节目，情人节有一个问答的特别活动。有女生提问:"跟男朋友年龄差距很大,能有幸福的结果吗?"

当时我想到的就是,年龄差距本身倒不见得是问题,但如果这么计较"年龄差距",这种担心倒是有可能让人痛苦。毕竟,跟一个人的年龄差距是既成的事实,再也改变不了。

计较的东西多了,害怕的就多。

二

当我们害怕某件事的时候,我们就是潜在地相信"这件事超出了我的能力,一旦发生,我没有力量应对"。所以,谨慎虽然是一种珍贵的品质,但如果背后没有足够的胆气作为支撑,谨慎和不自信或许就只有一线之隔。

教养孩子的时候尤其如此。很多成年人,自己经历过大风大浪,成熟之后,变得老成持重。他们的谨慎是单纯的理性,而非恐惧。如果用一句话来概括这种态度,应该是"就算最糟糕的结果发生,我也能应付,但我只是希望提前准备得更好"。这个态度当然是最好的,然而未必能传递给他们的孩子。孩子因为缺乏同样的历练,不曾培养出底气,他们接收到的信息也许会是"我父母从来不敢让糟糕的事情发生,因为这些事是搞不定的"。

我常常听到女性朋友抱怨自己的老公,带孩子出门,事先准备得都太马虎,东西都带不齐全。等到孩子渴了,才发现连水壶都没拿,还要手忙脚乱去找卖水的地方，更不用指望他们准备水果、零食、擦手的湿巾了。相比之下，妈妈总是更细心，随身背的包就像哆啦Ａ梦的百宝袋，要什么就能拿出什么。

但，有个不靠谱的爸爸，也不坏嘛。

我并不是在替粗心的男人辩护（这话当然没有什么说服力，因为我自己就是其中的一员）。但我觉得不靠谱一点儿，也有助于孩子经历一点儿不完美、不确定，而且一路克服下来，或许更容易变得皮糙肉厚一些。

口渴或者肚子饿了，立刻就能解决，这当然好，但如果暂时解决不了，手忙脚乱一下也不是什么大麻烦。顶多就是难受一阵子，但最终会找到食物和水，解决问题。然后孩子就会知道："不见得肚子一饿就要马上填饱，一时解决不了也没事，迟早是会搞定的。"

各位，这不就是很多教育专家鼓吹的"延迟满足"能力吗？

而生活在哆啦Ａ梦式的照料下，肚子一饿就能马上填饱的孩子，他们的世界中就存在一个隐约的不解之谜："如果一时找不到吃的，究竟会怎么样？"因为缺乏机会验证，所以在他们看来，那或许就等于不可承受的灾难。

从未经历过父母犯错，孩子对犯错的恐惧可能就更多一些。

所以，我们这些不靠谱的父母是多么重要啊！

三

好吧，也不用走到另一个极端……我倒也不是鼓吹，必须让孩子经历什么磨难才好。一旦涉及"必须"之类的说法，就还是有一种害怕犯错、害怕错过什么的心态在里面。

事实是，既不需要害怕犯错，也不需要鼓励犯错。你再怎么小心翼翼，生活也总是避免不了各种各样的失误，而我们拿出怎样的态度来面对这些错误，是付之一笑还是事事计较，也许会传递出不同的力量。

有一次，我的一个朋友很懊恼，说他和太太在孩子面前吵架了。他们都担心这一架吵过，会对孩子的成长有不良影响。人人都知道，给孩子营造和谐有爱的家庭氛围很重要，如果可以的话，谁都不愿意当着孩子争吵。

我劝他，"错误"已经发生了，也许就是一个机会，让孩子从里面学到一些正确的东西。

也许孩子会学到，夫妻就算偶尔争吵，还是可以很恩爱。

我的朋友想了一下，觉得这个说法很有道理，"恩爱夫妻也是可以吵架的"。这时另一个朋友问："那如果我们也没有表现得很恩爱，怎么办？"

我说："那孩子就会学到，夫妻就算没有很恩爱，也还是可以让自己过好的。"

大家都感叹，你真是安慰人的大师……

但我知道，并不是我在安慰他们，而是他们心里本来就有这个底气。在内心很深的地方，我们每个人都知道：我们的生活并不完美，并且面对不完美，我们有力量活下去，而且活得很好。这份力量，是我们可以传递出去的。

某种意义上，每个人都是"总在犯错"和"不能犯错"的矛盾综合体。我们每天努力避免犯错，这时候我们强调的是谨慎和理性。同时，我们每天努力应对那些最终没能避免的错误，这时候我们强调的是勇气和乐观。

两种态度都很重要，你说呢？

▷ 放轻松，不过是在孩子面前吵个架而已

一旦我们吵架了，破碎的也是我们的自恋感。

一

吵架是坏事，让人不舒服，这点毋庸置疑。但接受"吵架是坏事"，不见得就要接受"父母绝对不能（当着孩子的面）吵架"。这太苛刻了。

这就像是说，生病不舒服，这是生活常识。但你不能据此得出结论：绝对不可以生病。如果一个人相信这种鬼话，他只会更不舒服。

人们小心翼翼地避免生病，但总还是有免不了抱恙的时候。吵架也是一样。当然了，你可以说："如果不想吵架，平时注意一点儿不就可以了吗！"没遇到问题的时候谁都这么说，但如果你能永远做到，也就不用再往下看了。

对于大多数夫妻来说，吵架都是在所难免的。但是吵架之后怎办，很少有人愿意正面谈论这个话题，更不用说当着孩子面的吵架。

育儿类的公众号，纷纷指出这事是深入骨髓的创伤，搞得男女好像都非得把心荡涤干净，才有资格成为父母。具体怎么避免吵架，它却不说。

情感类的公众号，铺天盖地的文章又都在教导人们如何有爱和接纳，仿佛只要有爱就好了，万事俱足。言下之意：别谈吵架！那种事扫兴得很。

不过，总要有人碰一碰这个扫兴的话题。

二

生活的首要原则：坏事也是生活的一部分。

如果我们试图去否认坏事的存在，那是一件更大的坏事。有的夫妻当着孩子的面吵架，话说得难听，一个人就指着孩子怒斥对方："你怎么能说这种话！你知道会给孩子造成多大的伤害吗？"但这句话其实更伤人，因为：

1. 它让孩子坚信自己被"伤害"了；

2. 它借用孩子的立场来指责对方，让对方背负了伤害孩子的道德罪名；

3. 它并不是在减轻伤害，只是换了花样攻击对方而已。

事实上，借孩子的名义来解决夫妻之间的争端，几乎永远不是一个好主意。这在关系中叫作"三角化"。这种沟通模式带来的麻烦，远比它能解决的问题多。

我们还是来看看，一旦发生争吵，究竟有哪些办法可以让它没那么可怕。

第一，我们是如此爱你，以至于都想把自己眼中最好的东西给你。

你要学会忽悠。第一个忽悠的就是自己。

告诉自己情况没那么糟，或者比最糟的情况要好。

大部分的争吵，夫妻双方都还在家庭的轨道上。这是一个基础的立场。彼此都很气，但都还是——至少在表面上——认同自己是为这个家好。

虽然屋顶都要被吵翻了，但你可以认为，两个人只是在合作轨道上，因为不同的理念（如果是育儿理念，就更单纯）起了争执。属于那种人民内部矛盾。只是矛盾的表达方式有点儿放飞自我了而已。

"你还不管！你看孩子的成绩都烂成什么样了！"

"那你倒是管啊！你一周在家才几天？"

"你好意思说我？我是为了挣钱，你在家时间长，你都用来干吗了？"

"所有家务全是老娘在做！你嫌我管孩子管得不好，那让我妈来帮忙做家务你愿意吗？或者雇个保姆，你雇得起吗？一个屌丝还有脸说挣钱……"

"你刚说什么？你有种再说一遍！"

话说得很不怎么样。可是换一个角度看，两个人的"初心"总算是不坏的。如果是我，事后就会跟孩子说："咱们家最大的问题就是都太有个性了！爸妈很爱你，都急着把自己觉得对的东西给你……然后就会吵架。"

这其实也不能算是忽悠。因为真的就是这么回事，对吧？

第二，爸妈都不是很靠得住，孩子，你可长点儿心吧。

有时候孩子跟我们说："小明的爸妈吵架了。"

我们头也不抬地看着手机："嗯嗯。"

"小明害怕他爸妈会离婚。"

我们懒散地一笑："不用怕，没那么容易离婚。"

"为什么？"

"因为吵架很正常，"我们见惯不惊，"每个人的爸爸妈妈都会吵架。"

每个人的爸爸妈妈都会吵架！可我们又希望自己是例外，因为我们想要扮演"完美的"爸爸妈妈。这不光是为了满足孩子的什么需要，也是为了满足我们的自恋感。换句话说，一旦我们吵架了，破碎的也是我们的自恋感。

我们做不到完美，跟其他爸爸妈妈一样。

来，一起念一下这句话：

"我们只是跟其他爸爸妈妈一样。"

对孩子来说，这意味着什么呢？爸妈并不完美，甚至可以说是不成熟，他们居然也有自己搞不定的事，而且生起气来就像小孩一样。可怕是挺可怕的，但也未必糟糕到不可收拾的地步。毕竟，小朋友自己也有应对问题的能力。在一定的限度之内（没有暴力，没有对孩子的严重忽视），都还能应付。

某种意义上这也是孩子走向成熟的契机，至少，他认识到现实是什么。爸妈像小孩子，那么孩子就像大人一点儿。反正家里得有一个人靠谱吧。

小明的爸妈不成熟，这对小明是灭顶之灾吗？如果你相信这件事并没有那么悲惨，你就忽悠自己：你们吵架之后，你的孩子也能够像小明一样应对这一切。因为他的爸妈跟小明的爸妈一样差——当然也可以说，一样好。

第三，这是一个示范：如果你有想要的东西，就要努力争取它！

你可以这样跟孩子说：

"昨天在院子里，你想跟小明他们一起踢球，是吧？"

"对，但他们嫌我踢得不好，不让我踢。"

"爸爸看到了，爸爸还看到你被拒绝以后，一个人默默地走开了。"

"爸爸，如果是你，会怎么做？"

这时候你就可以用上刚刚发生的事了："你看，爸爸刚才就被妈妈说了很不好听的话，但爸爸觉得这是不对的，爸爸希望被更尊重地对待。所以，爸爸无论如何都要把这句话表达出来！你想要什么东西，你就要说，让对方清清楚楚地听到你的声音，并且要坚定。你看妈妈那么气，爸爸并没有退缩！"

当然，孩子可能不理解："可是爸爸，你说了之后也没有什么用啊。妈妈没有对你好一点儿，她其实变得更凶了，而且连饭都不给我们做。"

你要忽悠他，这只是操作上的失误，但大方向是没有错的。"人家愿不愿意接受是人家的事，但你能不能坚持表达你想要什么，这是你的事！"

第四，在关系中我们有时会失控，这也是安全的。

吵架很糟，因为吵架是失控的。

有一些人会记得他们小时候缩在屋角，看着父母彼此像仇人一样，怒发如狂的样子，天地好像都崩塌了。那噩梦般的场景牢牢地缠绕自己一生。

他们需要的是在那个时候，父母中的某一方冷静下来之后，走到自己身边，抱住自己，告诉自己：没关系，我们看起来很失控，但这是安全的。

"不用怕。"要斩钉截铁地告诉孩子。

关系是有底线的。所以，虽然爸爸妈妈都气得不行，但还在遵守共同的底线。甚至也许连夫妻关系也有可能破裂，但我们还是你的爸爸妈妈，至少还是亲人。所以，不用害怕失控。失控是关系的一部分，虽然是痛苦的一部分。

第五，至少你知道了生活就是这么糟，但我们可以很勇敢。

最坏的可能，你连自己都忽悠不了。

你知道这是生死存亡的时刻了。对方酗酒、滥赌、家暴，甚至对孩子动手，要把整个家庭一起拖去陪葬。对方已经彻底失控了，也没有底线可言。

虽然是极少数的可能，但那是你展现勇气的时候。

你可以跟孩子敞开心扉聊聊，告诉他生活的真相。生活不见得永远这么糟糕，但现在确实这么糟糕。最糟的情况下，我们也不是毫无办法。

我们可以离开这个给自己带来伤害的人。

你可以保证孩子的安全。你仍然可以给孩子一个健全的家。未来可能还会有很多麻烦，但你总可以报警、求助，利用一切可能给你帮忙的资源。

这可能是关系能带来的最大伤害了，但你可以让孩子看到：最糟糕的情况是可以承受的，最糟糕的人也可以隔离到生活之外。只要我们愿意正视这些，愿意面对过去的错误并放手，停止幻想，然后做出新的选择。这需要一点儿勇气，但没有什么应付不了的灾难，全世界总会找到一个属于自己的安全的地方。

（但愿你永远用不到这一部分建议。）

三

吵架很糟。我从来没有说它是好事。

但生活中就会有这样的坏事发生。所以，有时候你要拿出点儿不怕它的劲头。要点在于，它不见得是大忌讳。

父母总是担心这些那些一不留神伤到了孩子，这种小心谨慎的态度是好的。但对于孩子来说，伤人的未必是生活中的麻烦本身，而是他的父母会以怎样的态度应对那些麻烦。

你爱孩子，这就比什么都强，至少为他提供了一份保留底线的安全感。想一想，大不了就是吵呗，能有多坏？你还有机会向孩子展现你的智慧、温柔、果断、勇气、力量、平常心，或者一点儿幽默感。

说不定这些对孩子也有一点儿帮助呢？

你说："道理我都知道。不过这种事也不用忽悠自己，重要的还是自我控制，绝对不在孩子面前吵架就好。"当然，那是最理想的状况。所以，上述观点只适用于做不到这一点的平常人。假如你永远用不到这些，那最值得恭喜。

▷ **为了孩子，好好离婚**
孩子的成长，永远离不开两个人的共同参与。

一

在国外，婚姻咨询当中有一类特别的服务，叫"离婚咨询"。

不是离婚法律咨询，而是离婚心理咨询。

乍一听，有点儿不能理解。心理咨询不是用来解决问题的吗？大家都走到离婚这一步了，还有什么问题需要解决？一拍两散，不就应该两清了吗？

现实并非如此简单。

两个人分开了，他们还会有问题。离婚代表着一个阶段的结束。如果说它能解决一些问题，也只是结束了属于婚姻阶段的问题，但同时，它又是另一个阶段的开端。新的阶段他们遇到的问题，并不一定比婚姻里的问题简单。

尤其有了未成年的孩子以后再离婚，两个人的婚姻关系停止了，但他们还是孩子的父母，有这一层事实，这两个人就永远不可能毫无瓜葛。

孩子的成长，离不开两个人的共同参与。

跟随一方生活，仍然会与另外一方保持联系。

有些问题，还需要爸爸妈妈合作解决。

有的夫妻，甚至可以"为了孩子"，把离婚藏起来。"出于对孩子的成长考虑，为了给孩子的童年一个完整的家庭，我们没有公布这一事实。"

这个说法，显得有一点儿幼稚。

他们对外的这个"外"，是否包括了孩子本人呢？

是说他们已经离了，各玩各的，却在孩子面前假扮夫妻？

还是说，孩子清楚真相，却被要求对外帮着父母伪装？

也许这只是父母找的借口吧，但把一件怎么看都对孩子有伤害的事说成是"为了孩子"，这个借口之拙劣，本身也反映出父母的幼稚和莽撞。

我们需要好好聊一聊离婚当中的学问。

二

第一，离婚不是因为谁是坏人。

我有一个朋友，四岁的时候，妈妈告诉他："你爸死了。"

他模模糊糊知道死是什么意思，伤心了很久。

长大一点儿之后，他才发现爸爸没死。他整个人都蒙了。

妈妈告诉他："我们只是离婚了。"

原因是——你爸非常坏，是个坏蛋。

妈妈给他改了姓，好像这样一来就可以跟坏蛋的血缘划清界限。在家的十几年里，爸爸始终是一个禁忌的话题。他一直站在妈妈一边，痛恨爸爸。

但爸爸又会时不时在生活中出现。周末过来接他出去玩，妈妈好像也没办法阻拦。这对他来说非常痛苦，他无法忍受跟这个坏蛋一起度过一整天。

他更没法面对的是妈妈。爸爸到了楼下，给家里打电话，妈妈装聋作哑。他只好悄悄地出门，悄悄地回家，从头到尾都不敢正视妈妈的眼睛。

有时候妈妈问起："你们去哪儿玩了？晚饭吃的什么？"他吓得心怦怦直跳，不敢说那些愉快的经历，总觉得每一点快乐都是忘恩负义的亏心事。

有时他会听见妈妈痛哭，用难听的话咒骂爸爸。

而最让他绝望的是，青春期以后，他发现自己越长越像爸爸，身上流着这个"坏蛋"的血，这一事实无法改变。他痛恨爸爸，就必须痛恨自己。

直到他成年之后，才慢慢敢于承认——爸爸没有那么坏。

只是因为妈妈对爸爸的恨意无法消解。

一般来说，没有几对夫妻真是因为一方十恶不赦才选择离婚的。更多时候这件事无关正义，或者说，没有绝对的是非曲直，只有非常浓烈的情绪：委屈、失望、懊恼、羞愧、愤怒……这些情绪之所以变成"他死了"或者"他是坏人"，是因为除此之外，父母自己也不知道该怎样平和地看待离婚这件事。

但他们不知道这些说法给孩子带来了多大的压力。

更何况这些说法也未必是事实。

第二，可以不说，但最好保持诚实。

越是复杂的问题，越需要说真话。

说真话永远是最简单的做法。不需要为了掩盖一个谎言，制造更多的谎言。话虽如此，倒也不是说要把所有事都曝光出来。不愿意说，可以保持沉默。不说话是一个人的自由。夫妻一方如果能干脆地说"这是我们家的事，没必要向外界交代"，就会比矢口否认要好得多。否认之后，又不得不承认当初是在撒谎，这就给自己带来了不必要的麻烦。

之所以不诚实，可能也是因为没有真的准备好面对吧。

一个想离婚的来访者就问我："该怎么向孩子解释这件事？"

我问她困难在哪里，她就开始哭。

她说:"孩子那么小,有些话听不懂。可是我们一旦离了,她肯定会问我,爸爸怎么了?是不是不要我了?我不知道这个问题该怎么解释。"

我说:"你怎么对自己解释的,就可以怎么跟她解释。"

她说:"不行啊!她听不懂。"她的孩子才六七岁。

"你怕她听不懂什么?"

她哭着说:"她不懂什么叫出轨,什么叫渣男!"

她因为先生出轨才考虑离婚的。我说:"那你就用她听得懂的话说。"

她说:"我要告诉她:对!你爸就是不要我们了,他不爱你了!"

这是一个谎言。她不是在对孩子解释这件事,而是在发泄她的情绪。我顺着她的话:"孩子也许会问:为什么不爱我了?是因为我做错了什么吗?"

来访者说:"不是!是爸爸做错了事!"

我说:"那孩子会问,爸爸为什么做错了事?"

来访者哭着说:"因为他是一个坏人!"

到头来又变成这一句。一个谎话,就会引出一串谎话。

来访者哭啊哭啊,最后哭累了。

她说:"好吧,我也许可以说,是因为妈妈没办法跟爸爸一起生活了。如果她问我为什么,我就说,因为爸爸做了一些事,让妈妈很不开心。"

我说:"你这样说,孩子会容易理解。"

你看,这才是诚实的答案,并不复杂,也不难堪。她之所以说不出来，不是因为担心孩子听不懂，也许是她自己也没准备好面对这个答案。

第三，分开，意味着双方都有更好的可能。

我们通常会把离婚说成一件糟糕的事，这无可避免。但我想补充的是，它也不只是一件糟糕的事。糟糕的同时，也蕴藏了一些美好的希望。

毕竟，双方都可以有更好的可能。

有一些人会把离婚看作耻辱，或者把自己看成受害者。有时候，带着孩子的一方，还会利用孩子来满足自己的受害者情结，动不动就倒苦水。

如果让他们把离婚看成是一个崭新的开始，可能没法完全做到。但多少采用一点儿这样的视角，积极正面地考虑这件事，大家都可以轻松一些。

以下一些说法是很值得推荐的：

"爸爸妈妈打算分开，这样我们都会更快乐。"

"我们就要开始新的生活了。"

"爸爸会找到一个更适合自己的人相处，妈妈也会。"

第四，在对孩子的养育上继续保持合作。

夫妻双方若不公开离婚消息，可能会说：

"出于对孩子的成长考虑……"

没错，父母离婚对于未成年孩子的成长会是一个很大的挑战。但处理这个挑战的方式，并不是让两个人在孩子面前（或世人面前）假扮夫妻。

完全可以大大方方地离婚，然后继续合作。

离婚的夫妻，也可以让孩子享受到来自爸爸和妈妈的完整的爱。

经济方面的合作是一部分。抚养费通常有约定，但如果有额外的经济需要，比如出国留学，双方怎么分配？是互相推诿呢，还是可以友好协商？

陪孩子的时间怎样划分？没有抚养权的一方会在哪些时候探视孩子？抚养方又如何配合？会像我朋友的母亲那样吗，不得不允许对方探视，脸上却是大写的不情愿？还是说愿意把孩子送到前任家住几天，顺便也给自己放一个假？

平时在孩子面前说起前任，愿不愿意说他（她）的好话呢？"你妈妈跟我是相处不来，但她对你非常好，而且做饭特别好吃。"让孩子感受到，爸爸和妈妈都是很棒的人，都值得自己骄傲，只是这两个人之间难以相处。

这又涉及了忠诚的问题。当父母在明争暗斗的时候（"哼，这是你爸给你买的玩具？他以前从来没这么大方过。"），孩子就必须为了"站在谁那一边"而来回纠结，生怕给谁造成了伤害。那有没有办法，让他觉得来自爸爸的爱和来自妈妈的爱并不冲突，不需要为了照顾一边，而不得不拒绝另一边呢？

还会有很多时候，两个人要为了孩子的事情碰头：孩子的生日、毕业典礼、结婚……是否可以幸运地请到父母一同祝福？孩子遇到问题的时候，也说不定会同时需要父母的帮助。他们只是不再相爱，但可以像搭档一样配合。

这些事都不太容易解决，有时还会涉及跟下一段婚姻的关系。但有心的人，总会想办法试一试。

三

我猜，看完上面这些，很多人都会觉得，这是过于理想化的状况。

"在我前任身上，根本不可能实现……"

"就算我前任愿意，我也不愿意！"

"这要多深明大义的两个人，才能以这么友好的方式结束关系啊。"

这是因为，离婚这件事中确实存在太多太深的痛苦。尽管大家都知道，这只是两个人的理智选择，两个不愿意再以夫妻身份相处的人，结束了一段彼此不适合的关系而已。但只有很少的人才会真正接受这个"而已"。

更多的人还是那种咬牙切齿、你死我活的态度。

"这个人代表了我过去所受的全部伤痛。"

一种决绝的、惨烈的，对过去的全盘否认和一刀切除。

也不是不行，但这种态度很难对自己做个交代，也就常常表现为对孩子无法交代。

两个不再相爱的人，从怨恨中解脱，好生离开，各自去向更好的生活——只有把"离婚"消化到这一步，才能坦然地把它摆到孩子面前。

这是一段很困难，也很重要的功课。

可惜的是，在国内，"好离"的概念并没有普及。大部分的婚姻咨询师遇到离婚的夫妻，只是想说服他们捐弃前嫌，好好相处。假如你们打定主意要离婚，那就没什么好说的了，很遗憾，到此为止了。给人的错觉就是：离婚的人不需要再处理他们的关系问题了，离婚本身就是解决问题的终极方式。

殊不知，问题没有解决，离婚也不会离得痛快。

好离，其实是跟"好聚"一样难得的缘分。

4

育儿观察：
请把孩子当作与自己一样的人

▷ **孩子的需要，并不是世界上唯一的需要**
有了孩子，我还是我自己，我一直都是我自己。

一

我有一个朋友是年轻的妈妈。两口子工作都很忙，白天拜托老人照看孩子。有一段时间她有一个苦恼，就是孩子习惯了和姥姥一起玩耍，晚上被父母接回家就很不乐意，坚持要跟姥姥一起睡，这让她心里很不是滋味。

硬要把孩子带回家吧，孩子哇哇大哭，朋友也狠不下这个心。孩子那么小，不懂得父母的心情。姥姥也很为难，又心疼外孙，又对女儿感到抱歉。老公遇到这种事也不方便说什么。朋友找到我，问我有没有这样一种理论："孩子从小跟爸爸妈妈睡，给身心健康会带来更多的好处。"假如这个结论成立，她就可以更理直气壮一点儿，坚持把孩子接回家。

可惜，我没有这种理论。

我在想，这种理论真正的用途在哪里呢？也许她希望用这个说法镇住自己的父母："这是为孩子好。"也许用来争取老公的支持："这是为孩子好。"也许是在心里对哇哇大哭的孩子交代："宝贝对不起，我知道你不乐意，但这么做是为了你好。"她需要一个强有力的东西，来调节与父母、丈夫以及孩子之间的关系。这个东西就是"为孩子好"。但她真的只有这一个东西可用吗？

我问她："你想接孩子回家吗？"

她两眼放光，点点头。我说："那就好了。你是孩子的妈妈，晚上想接你孩子回家睡觉。这是你作为妈妈合理的需求，你可以用你自己的方式。"

我把"你"这个字说得很重，意思是"你管他们呢，你有你的权利"。她觉得我说得有道理，但是想了一会儿，又觉得不对了："但是孩子不愿意啊！孩子的需求是跟姥姥一起睡，他哭闹打滚儿不跟我们走，怎么办？"

我说，这是一件再正常不过的事情。"你有你的需求，人家有人家的需求。大家的需求不一样，免不了会有冲突。"重点是，冲突并不坏，它是人际关系中的必经之路。从小到大，谁没经历过冲突呢？每个人都在冲突中学习各种应对的策略。像我这位朋友，在职场上也是处理冲突的一把好手（寻求理论支持，正是她的策略之一）——如果放到职场以外的场合呢？

"生活中我可以撒娇啊！"她恍然大悟。

"好办法，"我心悦诚服地说，"你可以试试跟孩子撒娇。"

没想到这段简单的对话，给我的朋友带来了相当大的触动。她后来跟很多人讲这件事情，有些人的反应出乎我的意料。比如有人说："这个观点太可怕了。利用孩子满足大人的需要，把孩子当成什么了？"

朋友转述了这句责难，我心里忍不住想反唇相讥：

"不然呢？难道当初想生孩子的时候，有谁问过孩子的需要吗？"

好，我终于鼓起勇气说出了这句话。

二

我自己也是一个父亲。有一天，我和一位老师谈到养孩子的烦恼。我很懊恼地发现，我对女儿表现出的不耐烦，其实是在处理我自己的冲突。我有点儿自责，让女儿承担了不该她承担的东西。老师非常体贴地宽慰我：

"没事，孩子从来都在负担不属于他们的东西。当初就是为了满足大人才被送到这个世界的。根子上已经这样了，后边还在乎多那一点儿半点儿吗？"

这句宽慰真是温暖人心……凉透脊背。

我一开始难以接受这个说法，听上去太过于刺耳。刺耳是因为它刺破了一些真相。我甚至感到有必要先为这位老师辩护，比如她是一个优秀的母亲，爱自己的孩子。但是仔细一想，这件事跟她是不是母亲，是怎样一个母亲又有什么关系呢？我是想拿"母亲"这个盾牌，替她防御来自哪里的暗箭呢？

我现在认识到，任何一个为人父母或者打算做父母的人，都在承受某种无形的压力。一种不言自明的压力就是：你必须从孩子的利益出发考量自己的一言一行，"一切为了孩子"。父母应该是无私的，一切应该是为了孩子。但这导致我们对很多真相视而不见。我也是当了好几年的父亲，才敢于说出相反的事实：

从头到尾，我是为了我自己。

三

我们小区有一片人工湖。从我家搬进这个小区开始，我就觊觎着给我女儿买一艘遥控军舰，"她肯定喜欢在湖上开船的感觉"。明眼人显然看得出谁肯定喜欢。女儿那时连话都不会说呢。我对她好，首先是出于"我"想对她好，其次我才会考虑"她"想不想要。买玩具是这样，别的事也是一样。

我想这也是一种父爱吧。我爱她，愿意尽一切可能满足她。但承认这一切的前提是"我"想这么做，而不是把一切归因于"她"。

我常常被问到很多与育儿相关的问题："怎么做才可以对孩子最好？"很多家长聪明、自信、接受过良好的教育，但是一遇到育儿问题就陷入了深深的迷惑中。这些理论自身就充满了矛盾，比如孩子爱吃零食，是让他放开吃呢，还是不准他吃？放开吃，怕把他惯坏了；不准他吃，怕把他憋坏了。两边都为他好，到底该听谁的？遇到这种困扰，我以为问题并不在于找到标准的"答案"。问题在于父母太自以为是，太小看孩子了。

假如你不准孩子吃零食，而他也听话，这件事就有两部分，一是你的禁止，二是他的服从。如果看不到后半部分，以为一切都是父母的独断，就会觉得孩子是手里捏来捏去的一团橡皮泥，塑造成型全由父母决定。但孩子是活的人，无论他有多小，有一些事情他可以接受，另一些事情他不会接受（想一想，他有多少次拒绝过你）。就算他任人摆布，这次也是他选择了任你摆布。

他在以自己的方式，争取怎么样"对他好"。

而这年头的父母都觉得，自己随随便便出点儿错，就足以毁掉孩子的一切努力——所以我一直觉得，照顾和贬低是一枚硬币的两面。无微不至地呵护一个人，生怕有一丁点儿风吹草动，往往也在暗示，这人已经脆弱到一碰即碎的程度。

很多人向我抱怨青春期的孩子不合作："明明为他们好，怎么都听不进去！"我的回应是："如果他们觉得是为自己好，他们就已经听进去了。"我相信在任何情况下，一个人总能从环境中选择吸收他想要的东西。自然，那未必是别人眼中他的最佳选择。然而，别人的看法他也可以选择不听。

而父母一定还是担心："孩子确实没法为自己负责啊！""小孩怎

么可能做出正确的选择？""万一他吃喝嫖赌怎么办？"出于这些担心，对孩子进行引导和规范，那是父母天经地义的职权。而这些规范，与其说是为了"孩子的未来"，不如说是安抚此刻"父母的心"。毕竟，谁又有什么本事断言未来呢？

四

如果父母没办法把孩子当作是自己以外的独立个体，一个有想法、有主见、有能力的个体，也就没办法把自己从"父母"的压力中解脱出来。

这正是绝大多数育儿文章、育儿理论让我不适应的地方。它们把孩子看得太无能，又把父母的位置抬得无限高。这种抑扬反而在很大程度上限制了父母成为自己、使用自己的权利。就像文章开头我那位朋友，她到处寻求理论的支持。但她差一点儿忘了，她一直都有充分的权利，表达和争取她想要的一切。

因为"妈妈"的角色太过于重要，她对自己的需求视而不见。就像时刻顶着一个易碎的又比自己贵重十倍的花瓶往前走，怎么会走得安稳？

但在我们的文化语境里，做一个"好妈妈""好爸爸"要比做"自己"正确太多了。父母做一切都是为了孩子。就算伤害孩子、剥削孩子，也打着"为了孩子"的旗号。不累吗？带孩子本就不易，更何况时刻还要哄骗自己。

真的，这篇文章里我说了很多可能不正确的话。这里我还要多加一句：

孩子的需要，并不是世上唯一的需要。

每一个为人父母的人，大概都会时不时地有这种感叹：我们自己也是孩子，努力在变好，却始终没有变好。不仅称不上完美，甚至都未必合格。每个人走在自己的路上，带着各自的欲望、创伤、无知和局限性。现在这样，以后也是这样。虽然走了几十年，但我们都诚实点儿吧：谁也不可能在二三十岁的时候，从当上父母的那一刻起，就真的能够做到了了分明。

孩子是半路上的一个旅伴，他遇到我们，说："一起走一段吧！"

只是一次相遇。我并没有因此变成不同的人，也不必逼自己假装那样的人。我仍是那个不成熟的我，仍在走自己的路，不曾占他的路。

我们各自在路上摸索，也相互利用。父母利用孩子，探寻他们作为"父母"的课题；孩子也利用父母，实现他们的成长和独立。这段路上有真挚的爱，也有伤害；有争吵，也有合作；有奉献和牺牲，也有委屈和愤怒；有叛逆，有感恩，或许还有持久的怨恨……但归根到底，这只是一段路上的缘分。

但愿他们一起走完这段路的时候，每个人仍然还在做自己。父母考虑的是："我在这段路上得到了什么？我是不是成了一个更好的人？"而不必越俎代庖地想："我有没有让孩子走一条最好的路？"

我那个朋友后来告诉我,她后来对孩子撒娇,求孩子回家睡觉了。

"效果不太好,"她笑道,"他每回一做鬼脸,说啊不,啊不,我就败给他了。但不知道是不是心理作用,全家人对这事的态度都轻松了不少。"

我问她:"你自己的感觉怎么样呢?"

她说:"我没那么难过了。现在每天软磨硬泡,还挺好玩的。"

是什么不一样了呢?我的朋友说:"因为,我把我的需要表达出来了。"

时常觉得,"为了孩子"这种声音太整齐也太正确了。不仅形成了外部的压力,而且决定了每个人看待这件事的固有思维和视角。仿佛无论怎样独特的人,从成为父母的那刻起,人生之路就换上了另一条跑道,只能像育儿书上的父母那样,过着"科学育儿"的生活。但真相不是这样的,不应该是这样的。所以我愿意世上有这个不同的声音,提醒我们:

有了孩子,我还是我自己,我一直都是我自己。

▶ **一个孩子的"网络成瘾"**
想办法也没有用，反正孩子也不会听。

一

一位五岁男孩的母亲来我的咨询室，请教她儿子的"网瘾"问题。儿子现在抱起 iPad 就不撒手，玩游戏，看动画片，常常还会无师自通地找到新的片源，玩到连饭也不想吃。如果不给他 iPad，他就哇哇大哭，全家人一筹莫展，试过好几次都"戒"不掉。母亲想起了这个流传已久的说法：网瘾。

"据说网络和尼古丁、鸦片一样，可以让人的大脑神经分泌一种导致成瘾的物质，"母亲愁眉苦脸地说，"小孩子可能更容易受它的影响。"

和很多家长一样，她在网上看到一些"科普"文章，会对号入座，也不用去求证究竟是什么物质，产生的机理如何，完全是照单全收的态度。

"你怎么看出孩子受影响的？"我问她。

"他玩起 iPad 来，就跟着了魔一样，一整天都不放下！"

"一整天？从早上睁眼开始？"

母亲迟疑了一下："早上……他要去幼儿园。主要是从幼儿园回来以后，就吵着要 iPad。拿到以后就坐在沙发上，一坐一整晚。您没看到他那聚精会神的样子，眼睛都不带眨一下！我们怕他伤到眼睛，让他休息一下，也不听。有时候只能硬给他夺下来，他就哭，满地打滚，真的就像瘾犯了一样。"

她说"像瘾犯了一样"，她其实知道，那并不是真的成瘾。"所以不是玩一整天，白天是在幼儿园，在幼儿园里是不玩的。"我确认了一遍。

"不睡觉！还有晚上不睡觉！"母亲想起来了。

我就不去确认是"不睡觉"还是"睡得比较晚"了。我问她："他要 iPad 的时候是怎么一个状况？当时家里都有哪些人，都是怎么反应的？"

"就是奶奶一个人把他接回家，"母亲说，"我和爸爸回家一般比较晚。回去的时候奶奶已经把 iPad 给他了。跟奶奶说过好多次，但奶奶也没办法。小孩子缠起人来很麻烦的。奶奶说，要说你们自己跟他说，别让我当坏人。"

二

"这句话是什么意思？"我问，"当坏人。"

"她就是嫌我们平时也不管孩子吧。"

"你和爸爸不管吗？你们回家看到他玩 iPad，会说什么、做什么？"

母亲说："也管，每次都让他别玩了，问题是他都不听。"

"不玩 iPad 的话，有什么别的可以玩吗？"

母亲摆了摆手："他的玩具不要太多，堆得像小山一样！小汽车、机器人、磁力片、乐高积木……这些玩具买回来玩几天就没兴趣了。出去玩滑板车、骑自行车也可以啊。自行车也就骑了几次，我们这孩子就是三分钟热度……"

我想，让她再这么说下去，说不定"三分钟热度"又会成为这个孩子的一个新问题。我对她说："三分钟热度可能是因为给孩子的选择太多了，反而哪一个都失去了吸引力。我们来看一看，假设他的网瘾好了，不玩 iPad 了，这个时间你希望他做一点儿别的，只能选一个玩具，他最有可能玩哪个呢？"

"自行车吧。"母亲想了想，"他应该去外面多运动一下。"

"那很好，有谁可以陪他去吗？"我问。

没想到这个简单的问题，却让母亲陷入了长时间的思考。

"我晚上回家还有工作，应该是奶奶带他去吧……"她皱起了眉头，"我跟奶奶以后找机会说一下……唉，也不知道怎么说，等我想一想。"

说是要想一想，她脸上的表情却是"我觉得没戏"。我问她："有什么特别的困难吗？"她犹豫着摇了摇头，说："也还好，就是跟奶奶的沟通不是很顺。人家也很辛苦，晚上做饭洗碗，再让她带孩子出门运动，有点儿说不过去。"

"其实最好是我自己带，但我还要加班。奶奶有时候会说我工作太忙，怎么不换个轻松点儿的。我也没听她的。现在有点儿不好意思让她帮忙。"

"孩子的爸爸呢？"

"他就更不可能了！每天下班比我还晚。他工作强度大，回家就是玩手机，什么活都干不了。"母亲轻轻叹口气。

她陷入了思考，我们沉默了一会儿。

"可能还是拼乐高积木现实一点儿，不过每次他拼一小会儿就让你看着他，还要陪他一起。害得工作都做不了，也很烦人……或者让奶奶陪着？"终于，母亲好像下定了决心，"算了！想这么多也没有用，反正孩子也不会听。"

"你的意思是，反正他网络成瘾。"

"是吧，"母亲忧心忡忡地说，"话说回来，你有什么戒瘾的办法吗？"

成人的规则与儿童的江湖

小朋友的人际关系根本是一个野蛮生长的无序世界。

一

不到五岁的女儿被小朋友拿水彩笔在手上画了画。

回到家，我给女儿打肥皂洗了好几遍手，也洗不掉。她发现洗不掉，也有点儿慌了。

我没好气地教训她："下次不要再让人家在你手上画了。"

"我没有让她在我手上画！"女儿说，"是她自己要画的！"

也对，我换了说法："下次她要画你手上，你告诉她：不行！"

女儿点了点头。

手上的颜料随着时间慢慢消退了。

过了几天，女儿跟小朋友玩，手上又是五彩缤纷的。

"啊！你怎么又让她在你手上画！"我恨铁不成钢地说。

"我没有让她在我手上画！"

"好吧，是她自己要画的……你告诉她：不行！"

"我告诉了！"女儿说，"她还是要画！"

我哭笑不得："那你就大点儿声再说一遍！"

我愣了愣，这话忽然让我若有所思。我听到女儿委屈地辩解："我是很大声告诉她的……"

妈妈说："你还是不够坚定，你要说：我要生气了！"

我说："等一等，问题不在这里。"

我们在用成人的社交规则指导孩子。如果是在成年人的世界里，"不行"就是非常明确地拒绝了。很难想象有人听到这句话时一点儿都不为所动。如果说道"你再这样我要生气了"，那就是顶级警告的程度，分分钟要翻脸的节奏。但是设想一下，对方可以选择不听啊。万一对方就是不听呢？

你可能会想：怎么会有这种野蛮人？

但你的行动不会含糊。你可能会怒吼，会尖叫，会拍桌子，会砸东西，甚至会动手打人，如果事情严重了还会报警……总之，我们有一整套办法捍卫自己的权利。当然，这些办法基本上用不到。我们一说"不行"，对方立刻就停下来了，说"对不起"。大家都知道分寸在哪儿，这是约定俗成的规则。

但是孩子呢？孩子并不懂这些规则。

二

当一个人说"不行"的时候，在一个孩子听来，对方只是说了两个字而已，可以听，也可以不用听。不听的后果是什么？不知道。那可以试试看嘛！孩子是最有好奇心的，也许你是随便说说而已，我继续做，会怎么样呢？

所以跟小孩打交道，成年人也觉得棘手。

周末的时候，我在家办公，女儿跟朋友在客厅玩。为了不受干扰，我在卧室里把门关上。但是小孩子一拧把手，门就开了，进来找我玩。我告诉他们："不可以，叔叔要工作。"小孩子不理。我只能把他们抱出去。没两分钟，他们又进来了。

也不是多大的事，但就是一点儿都没办法。

我都说了不可以，他们怎么这么不识趣？他们不识趣，我能怎么办？

身为大人，我总不能对孩子发脾气吧。

我只好向女儿求助："爸爸要工作，你可不可以帮帮爸爸，让大家不要进卧室里来啊？"女儿想了想，说："那我和他们一起看动画片吧。"果然，放了动画片以后，小朋友们被牢牢地吸引在客厅里。我终于获得了片刻清静，不由得感叹：关键时刻还是女儿有办法。我枉自研究那么久的人际关系，都不顶用。

等等，她比我有办法？

我知道问题出在哪里了：小朋友的人际关系根本是一个野蛮生长的

无序世界，我女儿就在这个世界里摸爬滚打，积累了一套自己的处事经验。而我在成年人的规则世界里生活得太久了，以为一切边界问题，只要张嘴就可以解决。明明依赖于别人的配合，我还一厢情愿地认为它也适用于孩子。

我凭什么有那样的自信？

想明白这一点，我对女儿说："你大声说了不行，也不管用，是不是？"

"对啊！她不听我的！"

"唉，那真是麻烦了！"我说，"她就要在你手上画。"

我想，换作是我，这时候怎么办呢？跟她翻脸？跟她动手？打架总归不太好吧。那就走开算了。如果人家还要追上来画呢？那就跑快一点儿。

"我跑不过她。"女儿笑嘻嘻地说。

那我是真没办法了。

三

"她要在你手上画，你就只能让她画了。"我有点儿沮丧，脑海中浮现出一个任人宰割的弱女子形象。难道我女儿一直在这么恶劣的环境下忍气吞声？

"不是。"女儿摇了摇头，我一愣。

"所以你是有办法的？"我说，"你可以不让她在你手上画？"

"只要不跟她做好朋友就可以了。"

"啊？那也不至于进行这么极端的威胁吧？"我刚想说，但转念一想，这又是我身为一个成年人的"评价"，我把这句话又咽了回去。

"但是，我跟她是好朋友。"女儿又笑了。

"就让她在你手上画画也无所谓吗？"我说，"洗不掉的啊。"

"过几天就掉了。"女儿满不在乎地说。

"……"说得也对。

"如果这个真的洗不掉呢？你还让她画吗？"

"洗不掉可不行。"女儿说。

"那你怎么跟她说呢？"我顺着往下问。

"我会说，这个是洗不掉的，不能画。"女儿认真地摆了摆手，"画了就不是好朋友了。我这样跟她说，她一定不会画了。"

原来答案就这么简单！原来她一直知道。

我又是开心，又是惭愧。女儿已经是一个"老江湖"了，她有能力保护自己。倒是我这个做爸爸的，一厢情愿地从自己的经验出发，还教她大声说"不行"，以为那种拒绝在孩子的世界里行得通。还好我没有坚持强调这句话，否则只会让她觉得，我既不懂她，也没有支持她。

"如果人家还是要画呢，你怎么办？"我成心为难她。

"她不会那样的。"女儿很有信心。

"万一呢？"

"那我就告诉大人：救命啊，她要画在我手上！这个洗不掉！"

她也知道怎么向大人求助了!

"做得棒!"我夸奖她,"可是,万一大人不在呢?"

"大人不在……那我就真没办法了。"女儿的眼珠转了转,"对了,我还可以告诉她,我家里有洗得掉的水彩笔,我们去拿那个笔画好不好?"

▷ 育儿文章说得很对，但你最好不要看
学会对"改变"这件事心怀敬畏，尊重生活中那些"错误"。

一

曾看过一篇热点文章，讲怎么样教育孩子。观点很常见，就是父母不要把情绪发泄在孩子身上，孩子容易被父母的情绪吓出心理阴影。

我有点儿怕看这类文章，尤其怕后面的跟帖。

我总觉得，这些文章不只是在教人怎么做父母，也是在吓唬人，轻易做不得父母。

在跟帖中，随处都是对"父母"的失望与仇恨。文章举了许多真实的例子，每一个例子都是活生生的人，无论是身边的朋友，还是电视上面的明星，他们的育儿方式被断章取义地示众，作为反面教材。想一想都很可怕。文章作者下笔还有几分客气，后面的评论就无所顾忌了，骂得花样百出。

这些指责，可以让事情变得更好吗？

也许好了一点儿。最大的好处是，替孩子出了气。以前，孩子和父母的关系有问题，人们都说是孩子错了，父母永远正确，棍棒底下出孝子。现在知道，父母也有错的可能，开始反思父母的责任。这是这几十年来的重要进步。

但这个进步也是有限的。

这些指责仍然假定，问题是缘于某人犯了错。这个套路，和以前没有本质区别：出了问题，一定要找到一个坏蛋。要对犯错的人严肃批判。

批判当然重要，被批判的坏蛋是否真能"改邪归正"呢？情况并不乐观。每个人身上并没有一个简单的按钮，一端是错误，一端是正确，要改变的时候，从一端可以"叮"的一下换到另一端。父母看了文章，知道对小朋友发泄情绪是"错"的，但他们并不能说："换一下！""叮"的一下，就把问题解决了。

二

一个人诚心想改变，能不能真的改变，不知道。说到做不到的情况不少。一切跟情绪有关的事，就不由自己的理智做主。一个人难过到了极点，别人说你别难过了，振作起来，但他们做不到。别人以为是说得不够大声，就会一遍一遍提高音量，但这个人仍然做不到。这个人甚至以为问题出在自己身上，在头脑中不断自责。越做不到，越严苛，乃至怒吼，乃至谩骂。

但是没有用。心理学研究告诉我们，理智产生于大脑新皮层，其力量无法与大脑核心的情感中枢相匹敌。我有很多做父母的朋友都有一时冲动后悔莫及的时候：唉，当时气急了，吼了小朋友，现在想想真后悔……

怎么办？给他们看这篇文章，告诉他们控制情绪有多重要吗？

他们不是不知道，他们也希望自己可以做到。只是忙碌了一天，就是很累。累的时候，就是容易烦躁。烦躁的时候，就是希望有稍微顺心遂意的一个时刻。更不要说也许还有委屈，还有孤独，还有对他人的表达不出的愤怒和觉得生活了无意义的怀疑。在那个时候，一旦孩子哭闹、惹事，给紧绷的神经施加一丁点儿的刺激，或是从他们身上透出自己厌憎的某个影子，就会顿时无名火起，全身的器官都扭到一起。什么正确的理念，那一刻都抛到九霄云外。

希望做到什么和真的有能力做到是两回事。

别人常常问我，学了十几年心理学，对自己也做了那么多观察和反思，对我的人生有多大的影响。我诚实地告诉他们，跟十几年前相比，我的脾气似乎好了一点点，有时候陷入情绪中，走出来的过程快了一点点。

他们总以为我在谦虚，怎么会是一点点？

但真的只有一点点。这一点点，我也觉得得来不易。

学心理学带给我最大的好处，就是学会对"改变"这件事心怀敬畏。越懂得这个过程的漫长，越会对生活中那些"错误"抱有尊重。我也知道，越是苛刻地要求自己，急于改变，越是会陷入自我怀疑，失去改变的动力。

我写文章，有一个基本的原则，如果我认为什么东西是对的，我先问问自己能不能做到。我自己可以接受的东西，写出来，才会对人有帮助。有读者反馈说，看我写的文章会放下焦虑，恐怕就是这个原因。

挑出一个人哪里犯了错，这很简单。但这绝不意味着问题到此为止，"已经告诉你错了，你还是改不了，说明你是一个坏蛋"，这样只会制造更多的误解和隔离——好吧，我可能就是一个坏蛋，但我真的改不了。绝大多数的文章写到这里，最好应该继续写下去。改变需要很多条件，需要耐心，需要支持，需要理解，需要时间，而自我否定的态度绝不是其中之一。

▷ 未来社会，孩子最需要的心理品质是什么？
　跟你无法控制的世界相处。

一

我们现在养孩子的很多概念，包括专家那些观点，都是以过去的人类社会为参照得来的。但我们知道，人类正处在一个重大的转折时期，不管是科技、经济，还是哲学和文化，二十年后跟二十年前相比，可以说是两个世界了。大部分的经验都会变得不适用。以前说英语很重要，跟国际接轨。但是再过几年，机器的翻译会越来越多地取代人工翻译。你花很多精力培养孩子的英语能力，学习从句啊、时态啊、语法规则啊，现在看这些知识超有用，但是二十年后可能没有那么大的价值——除非你走到了金字塔尖。

我还记得小时候，爸爸从菜市场买活鸡、活鱼回来，自己杀。我在旁边看,我记得他烧一锅水燀那个鸡毛。他说你学着点儿,长大了这些事你都要做的。可是这才多少年呢,我们完全用不到这些技术了。去超市里买鸡肉,每个部位一块一块的都分好了,冷链配送,方便,也不贵。现在还有多少人自己杀鸡?

我们再想一想,高中学过的那些知识,现在还记得多少?如果跟你的专业关系不大,你还记得双曲线的方程是什么样的吗?它影响到你现在的生活质量了吗?又比如唐诗,现在还有家长吹他们家孩子能背几百首唐诗,有多大意义呢?如果说孩子确实天生对诗词感兴趣,他喜欢背这些东西,那是很好。但我见到更多的情况,就是家长扭着孩子去背,每天背两首、三首。这些在二十年后能有多大用呢?甚至都不用二十年,过几年孩子自己都忘记了。

很多人,包括专家会说:有意义啊!孩子可能忘了这些诗,但是通过背诗的过程,陶冶了他的情操,培养了他的美感,锻炼了他的记忆力。这些东西是真正重要,是他一辈子丢不掉的。这些东西叫什么呢?叫心理品质。所以对孩子真正重要的不是增长知识,而是培养他的心理品质。

二

未来社会,孩子最需要的心理品质到底是什么?

从现在发展的趋势来看,今后我们的物质生活会极大地丰富,成本也会越来越低。通过规模化也好，技术革命也好，机器的参与也好，未来我们的生活会变得越来越便利，同时又不需要那么多人力的投入。那个时候我们面临的最大危机，可能跟今天很多人想的不一样。我认为最大的危机是价值感。

在物质匮乏的时代什么最重要？生存，竞争，获得资源。那种环境下，人们不太去思考价值的问题、意义的问题。摆在你面前的现实就是，你必须变得更高、更快、更强，你没有工夫去思考：我为什么要变得更高、更快、更强？你不怀疑这些东西，它们是确定的，甚至是唯一的价值。我们动力十足。

现在你让孩子学习，他就会问：我为什么要学习？不要小看这个问题，其实你不好回答。你说，因为你要考清华。他说，我为什么要考清华？你说要挣更多的钱，他说我不需要更多的钱。我们这一代人，自己没有这种问题。我小时候要是敢问"我为什么要学习"，一巴掌就过来了。为什么？这就是为什么！

事实上，我小时候根本没问过。我好像一直就知道。那个生存压力，它就是弥漫在空气里。逆水行舟，不进则退。那就是一个竞争的年代，你奋斗不光是你一个人的事，也关系着整个家族的出路。爷爷奶奶、爸爸妈妈，都活得好辛苦。我们这一代，这就是很多人奋斗的动力。我把它叫作"生存驱动"。

那你想一想，如果生存压力解除了，你还做事情吗？

要因为什么，才会继续做很多事呢？

很多人只会在心里给自己施加压力，强化这种压力，因为我们这一代只会靠压力去做事。今天已经不是匮乏的时代了，没有那么多非做不可的事情。但我们在心里还是会有一种莫名的危机感。为什么今天很多人抱怨自己有拖延症？说白了，就是我们做的事情很少，没有那么多事情是非做不可的，但是我们心里的危机感又很强，总觉得有什么事没做到，或者总觉得哪里不对劲。

你用什么来驱动自己呢？想一想。

我们再想一个更加极端的情况。机器人帮我们解决了百分之九十九的生存所必需的条件，从农业到制造业，到一部分商业、服务业、交通运输业，我不是在讲科幻，这些真的有可能就在我们的有生之年实现。换句话说，如果你只想活着，几乎可以什么都不用做。生存的门槛会比今天低很多很多——这就是人类未来进步的方向。你的孩子有很大概率进入到那个时代。他每天干吗呢？

他可以每天看剧，每天打游戏，每天用 VR 技术环游世界。这几乎就是你我梦想的生活了。但是这种生活过半年一年可以，很爽，但如果是十年二十年呢？如果是一辈子呢？如果这辈子还可以被延长到一百五十年呢？想想有一点儿可怕，对不对？一个人活一百年有什么意思？他的价值在哪里？他做点儿什么事才可以让自己的人生有一点儿意义？事实上，今天有人已经开始有这个苗头了。以前有一个心理学家叫罗洛·梅，他说：心理疾病的患者其实是一个预测风向标，今天个别人的心理问题，往往预示着下一个时代人类整体的心理特点。我在一所名校当老师，给学生做心理咨询。其中有一些非常优秀的学生，常常感到空虚，不是因为成绩不好，或者担心以后的生计问题。他都考上名校了，他真正的问题是：我考上名校有什么意义？我来了，我达到目标了，我之后干吗呢？

几乎可以肯定，二十年以后的文化是我们这一代人完全没法理解的。那时候的艺术、音乐、娱乐，包括年轻人思考的问题、追随的文化，很大概率是以存在为主题的——空虚、颓丧、迷失、死亡、失去价值感。你看那个蓝鲸游戏，青少年会追随那个去自杀。我没法理解，但是十几岁的青少年他们理解。

这时候你怎么办呢？你跟孩子说：我是你爸，所以你要听我的！你要奋斗！你要积极！你不要那么颓废地什么都不做！你要像爸爸一样活着！这些说法显得越来越虚弱。他根本就不会听，就算是听也听不进心里去。在物质匮乏的年代，人们是需要权威的，会自然地统一思想，采取整齐划一的行动。但是未来权威会瓦解，没有一套思想是可以不被怀疑的，年轻人越来越不知道自己应该信什么。

面对这样的未来，你和我都必须接受一个事实：我们是管不了下一代的。我们认为好的、对的、重要的那些东西，下一代有他们自己的看法。

三

据说北大门口的保安会问人们三个终极问题：你是谁？你从哪里来？你要干什么去？在今天看来是一个笑话，但这可能是下一代绕不开的问题。

以前要是有人总思考这种问题：我是谁？我为什么要这样活着？我要干吗？我们会说他有病，读书读傻了。但是下一代的孩子是会思考的。

父母恨不得一个巴掌呼过去：你是谁？你是我儿子，你是我女儿。你从娘胎里来，你要往成功的道路上去，去跨越阶层！别问那些乱七八糟的！

但是趁早把这个想法收起来，因为已经不是那个时代了。你管得了他一时，管不了他一世。我建议大家的是，趁现在还有机会，好好培养孩子的心理品质，让他早一点儿去适应一个每个人都在思考"我是谁"的未来社会。

我是谁呢？我是我。那么"我"是一个什么样的人？我喜欢做什么？为什么我喜欢做这样的事？我们很不习惯讲这些问题。孩子说："我不喜欢吃蔬菜，我喜欢吃饼干。"我们一般怎么说？"你少吃饼干，饼干对身体不好。"

你注意到了吗？在我们通常的说法里，并不强调个性化的差异。其实"你"喜不喜欢吃饼干这件事不重要。重要的是什么呢？是饼干。饼干对身体不好，这是一个普适性的结论，不管你是小明还是小红，反正少吃饼干。

我们不太重视个体的感受。你对饼干有感觉，that means nothing，不重要，反正我告诉你饼干不好，这就是规则！你喜不喜欢，都要遵守这个规则。在一个集体主义的文化下，这种思维方式尤其盛行。想一想我们是不是这样教孩子的？"爸爸，我不想起床。""不行，宝贝儿，你必须起床。""我不想上学。""你必须上学。""为什么必须上学？""因为每个孩子都必须上学。上学是你必须遵守的规则。"

这种方法很管用。但是越往后，"必须"这个词对人的震慑力就会越小。孩子会问：为什么必须？那我不上学，你能拿我怎么样？有朋友当老师的话，就会知道，现在有种心理问题叫"厌学"，初中，甚至小学就开始了。孩子就是不来学校了。二十年前也有这种情况，但是第一比较少，第二基本还镇得住。那个时候叫"逃学"，逃学是要处分的，处分还是可以吓到学生的。老师去游戏厅抓那些逃学的学生，学生吓得抱头鼠窜，他很皮，但他知道自己错了。今天的话，他不来就不来了，你问他为什么不上学，他说：我不想上了，我觉得上学没意思。你处分我？来吧，处分吧，我学都不上了，还在乎处分？

你拿他一点儿办法都没有。

所以那些结论性的东西、规则性的东西，在未来社会越来越没什么用了。你说现在还有什么东西是普适性的，人人都必须遵守？越来越少，真的是越来越少了。人是铁饭是钢，一天不吃饿得慌，这是真理吧？现在也有人不吃饭了。

如果不能接受这一点，这个人在社会生活中就会遭受很大的挫败。表现出来就是他没法应对跟自己不一样的人，他会抱怨："怎么会有这种人啊？怎么可以那样做呢？"在这些抱怨的背后，他的焦点是那个规则，而不是对方这个人。只能通过规则去要求这个人，一旦这个规则被打破了，他就只能一直抱怨，但是解决不了这个问题。在以前，你用规则要求别人就够了，"你这个人怎么可以这样呢"这句话是很有分量的。可是现在已经变了。这方面，我推荐大家看我的一篇文章《"怎么可以有这种人？""就是有啊"》，里面有更详细的论述。

一个东西好吃，是这个东西好吃吗？不是的。是"我"觉得它好吃。你呢，你觉得它好吃吗？你可以有不同的感受。你和我是不一样的。所以这个东西好不好吃，就不存在了，存在的是你和我的差异，是我们的关系。一个孩子尽早接受这种教育，他就会更容易适应未来社会的挑战。可是这不容易，一旦承认了我们不一样，就没有什么东西是唯一确定的了，我就是可以有我自己的想法，跟爸爸你的想法不一样。这要求我们父母有很好的灵活性，你首先要学会怎么跟有不一样想法的孩子打交道，而不是靠你身为父母的权威性去简单镇压他。

用一句话概括：别人跟我想的不一样。我认为是这样，别人认为不是这样。不是谁对谁错的问题，它就是不一样。这句话，很简单，但是真正接受这句话，很难。

这个事情，我可以说，今天百分之八十的人还没有意识到它的重要性。这个问题会在十年以后，甚至可能五年以后浮现出来，会越来越凸显。

四

当然了,在今天,有人仍然可以说:"费那个事干吗!哪有那么多不一样!你一巴掌打过去他不就一样了吗!"这是最简单的方法,而且,如果可以的话,我们都没必要放弃这种最简单的方法。问题是时代在发展,你不变,世界却在变。就是会有越来越多的人,会遇到"怎么可以有这样的人呢"那种难题。你如果想让孩子早一点儿面对这一点,就要早一点儿改变你跟他相处的方式。

如果再说深一点儿,这其实是一个放弃自恋的过程。我不再具有掌控感了,在我们的世界里,甚至是我们的家庭里,我不再是一个无所不能的角色。我的感受很重要,但它替代不了你的感受。谁愿意打破这样的自恋呢?

但是未来的孩子必然要打破这种自恋,而且是一次又一次的。为什么?因为世界很大,而个人的力量会越来越渺小。每一个人都不得不接受自己的失控。你掌控不了世界啊,你甚至都掌控不了自己。堂·吉诃德没有办法跟风车对抗,你的规则也限制不了整个世界。你认为对的东西,必然不是唯一的。

但这是对的。失去控制是人类发展的必然趋势。

从小到大我们都在不断失控。这方面有儿童发展心理学的研究,比如皮亚杰的认识发生论,它研究我们把脑子里主观的概念转变为客体存在的过程,也就是失控的过程。小婴儿觉得我只要一哭,全世界都要来满足我。我只要闭上眼睛,全世界就不存在了。但是他长大几岁就会发现，世界有世界的规律，我脑子里的东西只是在我脑子里而已。这方面要讲起来，又是一个很大的话题。简单说吧，一个人成长的过程，就是变得越来越失控的过程，有越来越多的东西独立于"我"之外，不以"我"的主观意志为转移。"我"越来越渺小了。

但这个渺小不是坏事。因为你先承认了客观上的渺小，才可以发展出跟更大世界相处的办法。就像一个人骑在大象的背上，他可以跟大象和谐相处，让大象带自己去想去的地方。但他不会认为自己可以"掌控"这头大象。他的力量跟大象相比太悬殊，如果互相较劲，他一点儿胜算都没有。那他靠的是什么呢？是发展跟这头大象的"关系"，是跟一个不在控制范围内的野兽如何"相处"。

如果一个人以为自己可以靠蛮力控制什么东西的话，他是在自恋的幻想当中自嗨，在今天这个时代是这样，更不用说在未来。你早一点儿打破这个自恋，承认失控，承认我们跟世界的关系，我们只不过是芸芸众生中的一个，这样有助于我们早一点儿学会跟那些控制不了的东西相处。就像一个在海上冲浪的人，他不能靠蛮力搞定风浪，但可以学会享受风浪。他知道，风浪是必然存在的。

我以前觉得我爸就是一个靠蛮力搞定事情的人。他什么问题都能搞定，收音机、自行车坏了他都会修，电视他也能试一试。但是电脑一出来，他就晕菜了。那你想一想吧，在未来社会，无限多的知识，不断更新迭代的技术，你能搞定多少呢？还有多元的文化，多种生活方式，每个人都有自己的想法。你想在各个方面都成为专家、成为通才，什么事情都靠自己搞定，怎么可能呢？

所以啊，风浪是免不了的，我们都会被它抛来抛去。趁早承认这一点吧。谁承认得早，谁就更有可能在被抛起来的时候摆一个更帅的pose。

我想说的就是，未来社会，最重要的一种心理品质就是"相处"。跟别人相处，跟技术相处，跟风险相处，跟不确定性相处，但本质上是跟我们无法控制的世界相处。对孩子来说，他需要接受这个世界根本没有统一的规则的支配。对爸爸来说更惨，他要接受这个家庭也没有统一的规则的支配。以后并不是动动拳头和嗓门，就可以当好爸爸的时代了。

▷ **孩子的问题越来越严重，恰恰是因为你的重视**
"悖论干预"是一种极高明的干预手段。

一

有一个跟我学家庭治疗的学生，遇到一个小麻烦。她的女儿上了一年小学，因为期末考试成绩不好，竟然开始接连两天尿床。尿了也不吭声，还是姥姥摸到床湿了（姥姥跟她睡一张床）才发现。问她为什么尿床，她也不说。

用不着多么高深的家庭治疗理论，也知道这个现象多半不是生理上的失禁，而是跟心理因素有关。她在课上讲这件事，其他同学都在猜测，一定是期末考试失利之后，父母的态度让孩子紧张。"你们给她的压力太大了！"

"也没给过她什么压力啊……"学生说。

"她没考好，你们怎么说的？"

"就说，没关系，尽力就好，爸爸妈妈不怪你。"

你看你看，学生们抓到了线索——"爸爸妈妈不怪你"，这句话什么意思嘛！说是不责备，这明明就是责备了。孩子是能感觉到大人的期望的。大家开始议论要怎么跟孩子谈，才能让孩子放松一点儿，就不会再尿床了。

我没有去想这个，我问这个学生："孩子尿床之后，有床单铺盖换吗？"

学生愁眉苦脸地说："连着洗了两床了，再尿一晚上，就没得换了！"

我说："要是不够，就再去买一两床吧。"

大家以为我在开玩笑，都在笑。那个学生也说："其实够了，北京这太阳，晒一天也就晒干了。"我说："还是备一床吧，免得你心里慌。"

这个学生很聪明，立刻领会了我的意思。过了几天给我发消息报喜，说孩子再也没尿过床了。我问她是怎么做到的，她说她当天晚上睡觉之前嘱咐女儿："咱们家有三床铺盖，可以轮流换，你今天晚上尿床也没关系。"

她事先跟姥姥沟通过，姥姥跟着帮腔："就是，洗个床单的事儿。"

女儿眨眨眼睛，有些不知所措。妈妈像平常一样，亲亲她的额头就去睡了。过了一会儿，她听见厕所有响动，原来是女儿自己去厕所小便了。

孩子恢复了睡前如厕的习惯，问题消失了。

二

其实这算不上什么问题，或许只是一次偶然。也有其他很多解决办法，比如父母直接训斥孩子，"都多大孩子了还尿床！你羞不羞"；或者明确地下达指令，要求孩子睡觉之前必须去一趟厕所；或者像在课堂上很多同学们考虑的，跟孩子谈一谈她在考试成绩上的压力……这些办法都可能有效，但它们有一个共同的特点，就是在"尿床"这件事上投入了太多精力，太把它当成"问题"了。

大部分时候，当我们把问题当成一个"问题"的时候，会有助于尽快解决这个问题。但也有某些时候，情况刚好相反。我们越把问题看成问题，问题反而越严重，甚至越无解。这话有点儿像绕口令，我举几个例子吧：

有的孩子不爱写作业，写几个字就开始走神，东摸摸西摸摸，父母只好每晚守在旁边，心急如焚："你快点儿啊！你知不知道现在都几点了！"

有的孩子吃饭慢慢吞吞，怎么催也没用，父母不得已只能拿过勺子喂，这下倒是快了，但父母放下勺子又开始发愁："多大了，还要喂饭……"

每一个当老师的人，都遇到过这么几个调皮捣蛋的学生，你批评他、骂他、说服他，动之以情，晓之以理……他嘴上唯唯诺诺，但就是不改。

有一个朋友抱怨他的孩子不睡觉。每天晚上孩子在床上翻来滚去，对他来说就是一场旷日持久的耐力战。有时让他很崩溃，"睡觉有那么难吗"。其实失眠的人或许有经验，越是想着"今天千万不能失眠啊"，越是睡不着。

还有一个朋友在孩子便秘的问题上较劲，已经快一年了。她一直致力于养成孩子每天定时拉屁屁的好习惯。青菜、火龙果、香蕉还有酸奶都吃了，但孩子往往在马桶上只象征性地"嗯嗯"两声："没有便便。"妈妈的内心是崩溃的。

在这些情况下，能说大人对问题没有足够重视吗？

恰恰相反，所有能想的办法都想了，所有能发动的人也都发动了，可以说是非常重视，用心非常良苦了。然而重视的结果，有时却会让问题长期保留下来，甚至变成大人和孩子之间无时无刻不在斗智斗勇的一场拉锯战。

三

在女儿尿床这件事上，那个学生有一个反应，非常有意思。她说床单快不够换了，事实上，当我建议她再去买一两床的时候，她承认是够的。

说明什么？她的第一反应是夸大事情的严重性。

事实上这也是很多人遇到问题的第一反应——引起重视。先不要说问题本来就严重，哪怕问题还在承受范围内，也要让它看起来严重一点儿。

强调，强调，再强调。重视起来！

但引起重视的副产品之一，是孩子意识到自己的行为可以有多大的影响力。在尿床的这个例子里，如果妈妈一再强调"千万不能再尿床了，否则，都找不到床单给你换了"，孩子可能就会看到：继续尿床，是妈妈受不了的。

我并不是说，孩子看到这一点，就会明知而故犯，刺激妈妈抓狂。假如那么简单倒也好办了。为了简化思考，倒是可以从互动的角度描述这件事：通过大人对"问题"的强化，孩子简单的行为被赋予了很大权利。

如果打一个比方的话，孩子正在拍着手唱儿歌，忽然之间大人们围了上来，倒抽一口凉气，龇牙咧嘴地告诉孩子，他刚刚唱的儿歌其实是大人的紧箍咒，会让大人非常非常头疼。他做什么都可以，但请不要再唱下去了。

你猜孩子会做出怎样的反应？

一种可能是，他吓得立刻住嘴，并且从今以后再也不敢这么做了，这说明他真的跟大人心连着心，为大人的烦恼而紧张（有时候，这种紧张倒是让他们更加控制不住自己，但这个先不讨论）；另一种可能，就是孩子若有所思地点点头，然后看起来非常老实，非常配合地闭上了嘴……挂着一丝狡黠的笑。

后面这种情况的后续不难想象。全家人都小心翼翼地盯着他，生怕他再搞出同样的事来。在这种万众瞩目的期待下，某一天，他又开始犯事了，然后再犯，越犯越多。百试百灵，甚至可以说效果一次比一次好。所有人都被他吸引过来，使出浑身解数，传达给他"小祖宗，你饶了我吧"的信息：

"你可千万别再尿床了！床单不够换了！"

"求你写作业写快点儿，爸爸还想早点儿休息……"

"你怎么就睡不着呢？你不睡，爸妈就算困死了也不能睡。"

"快！你今天不便便，妈妈就不上班。"

——他怎么可能不上瘾呢，你说？

尽管惹怒大人的后果很严重，孩子可能会吃苦头、挨骂，甚至被打屁股，有一些孩子因此会放弃——但至少孩子看到了：哇，这就是大人的软肋！只要戳这里，他们就无一例外叫苦连天。这种感觉该怎么描述呢？原来以为我只是随便捡了根木棍，要不是他们提醒，我还真不知道那就是尚方宝剑。

但是当我这么说的时候，我不是建议你虎视眈眈地盯着那一根木棍，想象着怎么样从孩子手里抽掉。我说过，有很多办法可以抽掉它：温柔的，有技巧的，强制的。但它们的副作用都是一样：从侧面证明了那根木棍的价值。

"我手里还有好几根哦！"你听见他心里的欢呼。

在你试图抽掉那根木棍的同时，就把它变成了持续的夺宝游戏。

现在来聊聊怎么办的问题。其实办法在一开头已经给出了。如果我们遵从《孙子兵法》的教导——"能而示之不能，用而示之不用"，那么最简单的策略就是让孩子相信：他手里的东西不是尚方宝剑，只是根普通的木棍而已。

这是最干净利落的一下子。在家庭治疗中，有一个手段叫作"悖论干预"，是一种极高明的干预手段，说穿了其实不值钱。每个人天生就会，不是吗？你想让孩子放下一个东西，最简单的方法就是什么都不做。你不去管他，他自己就会丢下这个东西。人们没办法永远带着个东西，大人尚且嫌烦，更何况是孩子。孩子丢三落四的，除非那个东西真的很宝贵，是他的宝贝。

你有没有把问题变成孩子的宝贝？

"这个东西，是我用来对抗父母的撒手锏！"

有的孩子需要这样的撒手锏，因为他们享受对抗父母的游戏。那给他们一根不一样的健康无害的木棍，来玩这个夺宝游戏，不是更好吗？

举一个孩子便秘的例子好了。那个跟孩子较劲的妈妈是我的朋友。在尝试了各种方法，孩子一再表示"没有便便"以后，我的朋友终于放弃了抵抗。这件事让爸爸很满意，因为他终于可以长时间占据马桶了。每次妈妈催他："你就不能快点儿吗！"爸爸就在厕所里说："催什么！反正孩子又不用……"

你猜到结果了吗？过了几天，他们的孩子在爸爸如厕时，使劲拍厕所的门，学着妈妈的口气，说："爸爸，你就不能快点儿吗！我憋不住了！"

四

这些方法，说来都是人之常情。

本来是天然就懂的道理，今天我却把它作为一个技巧介绍出来，是因为今天恰好缺少这种最本能的思考。大多数的育儿文章不讲这些道理，也许是嫌它真的太平凡。为了赚点击量的文章，都在大声疾呼：孩子手里有许多"尚方宝剑"！有许多东西要紧紧盯住，要严防死守！千万别让他做！做了，就大事不妙！这些呼声震耳欲聋，结果，倒让这个最平凡的道理有了传播价值。

有人或许会问："用了这个方法，孩子的毛病还是改不掉，又该怎么办？"

这还是偷偷地在拿眼睛瞄孩子手里的木棍。记住，要诀就是不去盯着木棍。为此，你必须首先改变自己。你要问问自己："我是真的不在乎，还是只能假装不在乎？"你还要问："如果我真的很在乎，最让我放心不下的究竟是什么？"如果只是担心家里的床单不够换，那你真的不如多买两床备用。

▷ 就算看不惯别人家的育儿方式，也可以允许它先存在着

彼此不同，但谁也不比谁更优越。

一

看到网上一篇文章，评价马雅舒在《妈妈是超人》节目中的表现。坦白说，我并不了解马雅舒，也不了解这个节目，只是抱着随便看看的态度，以为是一篇探讨育儿理念的文章而已。但是翻到后面的评论，吓了我一大跳。

点赞最高的评论都是这个画风——对，你一定很好奇吧，这个妈妈究竟做了哪些人神共愤的恶举？

翻遍整篇文章，列举的她的罪名包括：

1. 送孩子上幼儿园，孩子哭，她也跟着哭。

2. 送完孩子，回来的一路上都在哭。

3. 孩子在幼儿园不会上厕所，尿了裤子，妈妈却没有在第一时间想到训练孩子，而是心疼孩子的无助。

4. 跟孩子对抗时，无法贯彻自己的态度。

5. 爸爸想要训练孩子独立，妈妈反对。

6. 追着孩子喂饭。

7. 孩子要什么就给买什么，包括零食。

8. 听到孩子撒谎，却没有立刻指出。

9. 不让孩子碰一些她认为"脏"的东西（例如菜市场的生鲜）。

10. 因为怕孩子磕碰，把家里的大件家具都撤掉了。

……

简而言之，这个妈妈无原则地宠溺她的孩子，过于感情用事了。

就是这样了？

对，就是这样了。

实话说，看完评论我有一点儿不敢相信，又翻回去看了一遍原文。

没错，我确认过了。不是虐待，不是忽视，不是暴力，并没有把孩子放置于高危情境下，或是失职严重到需要社会干预，只是宠溺而已。

我不是说宠溺是一种好的态度。让我来选，我当然也不会选用这样的方式养育儿女。但是相比而言，更让我觉得刺眼的，是留言的那种态度。

那种态度，怎么说呢，用最克制的说法吧——很失礼。

你以为你是谁啊！

你有什么资格教别人怎么做父母？

我们每个人可以有自己的偏好,这没有问题。我们可以发表评论说:我本人不接受这样的育儿理念。这是发出自己的声音。但是表达自己,不等于随意践踏别人。我认为,对于生活在文明社会的人,这是一种基本的礼貌。

二

我记得有一年夏天,我回家比较晚,简单地弄了一点儿汤泡饭来吃。这时正好一个邻居老太太来家里串门。她是我岳母的朋友,进门之后,看到我在吃饭,便大大咧咧地走到饭桌旁边,看我在吃什么。然后从鼻子里哼了一声,对岳母说:"你就给你们家姑爷吃这玩意儿啊?"我清楚地记得那时整个屋子里的尴尬。

如果把那时候的沉默用语言表述出来,它应该是:

"哦,你牛,你家顿顿有肉。再见。"

我当然知道她也没有恶意,某种程度上可能对我还是善意的(或许她认为姑爷理应受到更尊贵的待遇)。假如我吃的东西有毒,她这样指出,我会感激不尽。但如果只是简陋,这种评论就有失礼之嫌了。

我们去逛超市,看到一个妈妈过于宠爱她的女儿,拿了大包小包的零食,我们不会走上前去说:"你怎么孩子要什么就给买什么呢?"这很失礼。

我们在幼儿园门口,每天都看到有家长在上演生离死别的大戏,我们不会提醒一句："你该去看心理医生！"这很失礼。

我们在餐厅吃饭，看到邻座的夫妻追着孩子喂饭，我们不会起身劝阻："让孩子学会自己吃！"这也很失礼。

我们看到家长对孩子妥协，不能训练孩子独立……事实上，我每天早上送女儿去幼儿园的时候，都会看到有家长蹲在教室门口，给孩子换室内鞋。多大孩子了，自己难道不会换吗？但是爸爸妈妈有时候磨不过，就蹲下去了。我不会向他们指出："你们这是要把孩子培养成残疾人的节奏啊！"相反，我们相视苦笑，像是在说：我懂的，真是伤脑筋啊。

当然，你可能想反驳：问题是这个妈妈的行为错得离谱啊，她会把孩子带得越来越坏，毁掉孩子的一生，我们不正该路见不平，拔刀相助吗？

对此我想说：那只是我们的猜想。

我们的猜想有可能会成真。但现阶段，它也只是猜想而已。她培养出的孩子有多"糟糕"呢？三岁了还在用尿不湿，抗拒上幼儿园，在幼儿园尿湿了裤子，还任性，不听妈妈的话，爱撒娇，情绪化。也就是这么多了。

这当然不能说是一百分的孩子，可是也不见得就糟糕得不可收拾。爸爸不是发现她落后于别的孩子的时候，就想要干预了吗？这说明什么？说明爸爸心里是有数的嘛。爸爸从前是退让的，妈妈想怎么带，都可以由着妈妈去，现在开始有对抗了，甚至不惜一切代价也要贯彻自己的意见。

这个变化说明，家里有另外的主心骨，是有人可以坚持所谓的"正确"理念的。那不就行了吗？让一个人负责坚持规矩，另一个人负责情感抚慰，这不也是一种分工的形式吗？

退一万步说，就算孩子长大，跟妈妈一模一样，那又怎么样？也不见得活不下去啊。都说妈妈脑子有泡，不也嫁了一个那么好的老公吗？评论区里那么多人抱怨：想不通，那么完美的男人怎么能忍受这样的女人？想不通的唯一原因就是：人家一定也有人家特别的好处，只是我们不知道而已。

真的，想通一点儿吧。

人家一家子朝夕相处，相互了解得比我们多，用不着我们去替谁抱不平。

除非你只是想让自己感到更优越。

三

只是生活理念上的不同，本不用那么痛心疾首。毕竟我们都是看客，是跟着摄像机镜头去别人家做客的人。你去别人家做客，会因为家里不摆家具，就撇撇嘴说人家有病吗？不会吧。大多数人会想：还可以这样啊！

我们都遇到过生活理念与自己非常不同的人。我有个朋友，他们家住一楼，从阳台开了个后门，直接通向小区。这个门常年是打开的。他们家孩子大的六岁、小的四岁，招呼都不打一个，就自己出门玩了，玩累了就跑回家喝口水。我们在他家做客，第一次看见时啧啧称奇："他们自己在外面，你们不害怕吗？"

朋友夫妇说："怕啥？小区里挺安全的。"

其实我要说的是，换成是我，我会怕。我不敢把这么小的孩子放到大人视线之外。但我见识到别人家的做法，我就理解了，这只是我自己的人生态度而已。我不会觉得人家不靠谱，唯有我才是靠谱的。虽然我以后还会坚持自己的做法，但至少我学习到，可以有不同的可能性存在——"还可以这样啊"。

另一对夫妇几年前来我家做客，看到我不满三岁的女儿"唰唰唰"地剪纸，也是惊讶得瞪大眼睛："你就让她自己用剪刀？不怕她伤到自己吗？"想必他们的心情也是类似的。我告诉他们，我女儿用剪刀从来没有伤到自己。他们也告诉我，他们把家里一切锋利的东西都藏得很好，不怕一万，只怕万一。我们彼此都学习到了——"还可以这样啊"。彼此不同，但谁也不比谁更优越。

身为看客，看到跟你不一样的人生，学到了东西，或者更坚定自己的态度，这就足够了。何必冷言冷语，对别人家的事就那么看不惯呢？

回到马雅舒身上，她没有做出危险的行为，没有达到"事急从权，外人非管不可"的程度，他们的生活也没有伤害其他人（孩子尿裤子毕竟没有尿到我们身上，对吧），何不嘴下留一点儿情呢？就算看不惯，也可以允许它先存在着。放心，有一天这个孩子真的惹到了别人，自然会有人去教育这个熊孩子和熊妈妈的。

在此之前，毕竟大家都是看客。

四

当然我理解，参加这种节目本身就是为了给看客提供谈资。所以，马雅舒接受这份工作的本职之一，就是承担外界各种可能的评判（批判）。从这个意义上来说，也许这些声音反映出的不是针对某个妈妈的压力，它背后是社会的一团情绪，只是刚好以这个明星作为代言人而已。这团情绪是说——

你既然当妈了，就要接受我们的监督。

你怎么当妈的，好好一个孩子被你带坏了！

你真应该学习一下正确的当妈姿势！

你这样，我都替你老公觉得不值！

你这么一个公主病的女人，也配给人当妈？

真的，看到这些情绪的时候我会想，社会真的进步了多少呢？区别只是，你的生活让邻家大妈看见了，大妈跟别人交头接耳："马家那个媳妇……唉，真弄不懂她男人看上她哪一点。"而你的生活让一百万人看见了，这一百万人在网上交头接耳："这种神奇的人是怎么找到这么完美的老公的？"但那种不客气，那种理直气壮地评论他人家务事的优越感是一模一样的。

但最让人不舒服的，是这一切都是以"正确"之名。大家会觉得，我们这么说都是为了你们一家好啊。毕竟妈妈这么奇葩，不说狠一点儿怎么长记性呢？

既然我们是正确的，我们就可以对妻子说："你这是有病，你该去看心理医生。"

我们是正确的，就可以对正在管教孩子的老公说："你很完美，但娶了这么个老婆，是你人生的最大败笔。"

我们是正确的，就可以对三岁的孩子说："你现在还没有伤害别人，但你会成为一个熊孩子，因为你妈妈不是一个好妈妈。"

然后我们相互点赞，觉得自己三观够正。

钱钟书有句话说得好："忠厚老实人的恶毒，像饭里的沙砾或者出骨鱼片里未净的刺，会给人一种不期待的伤痛。"

以正确之名，给人的伤害，不正是最难以消受的伤害吗？

5

家庭系统：
家庭当中发生的每一件事都是合谋

▷ 确定的一代和不确定的一代
我不需要抱着"唯一正确"的生活方式来应对生活本身。

一

我的父母常常数落我的睡眠习惯。他们告诉我早睡早起有多少好处，还拿出他们年轻时候的表现作为范本。最让我动容的一句话是："你就算不为你自己的健康负责，也该为孩子的身体想一想！"的确，我女儿不到五岁，动不动就十点、十一点上床，我也没有催促的意识。反观我上小学以前，就养成了每天不到九点就入睡的习惯，那的确是靠父母以身作则。日复一日，雷打不动。

我有时候也不理解他们："你们每天那么早睡觉，不会不甘心吗？"

"会啊，谁不想玩，"他们说，"但为了健康嘛！"

我仔细想了想，我对健康并没有那么大的焦虑。我又问："那你们是觉得晚睡几个小时就要生病吗？这种观念是医生说的还是哪里来的？"

他们说不上来，但肯定对健康不好，毫无疑问。

"小孩子睡不够的话，长不高！"母亲说。

我女儿长得也不矮。

父亲又提出新论点："早睡早起本来就是一种好习惯！"

"可是确实也有很多事情想做。"

"你熬夜做的都不是正事，"父亲一眼看穿了我，"玩手机，打游戏，有什么用？有时间不如第二天早点儿花到正经事上，比如早起锻炼。"

"我也可以晚上去健身房啊。"我说。

这些在他们看来都是胡闹。他们有他们的一套思维定式。而且当我听到父母说"正事"这个词的时候，我忽然意识到一点，就是在他们的世界里，生活实在是严肃、刻板、乏味得多。睡觉对他们来说，是一件"正事"。

睡觉不是为了睡觉，睡觉是有用的。早睡早起身体健康，早睡早起长得高，记忆力好，人也聪明，有干劲，孩子成绩好，大人工作效率高。

总体上，我父母这一代人活得很确定。这和他们成长在一个物质匮乏的时代分不开。一个人认为生活很危险的时候，就需要用规则来保护自己。他们的目标很简单，就是活下去，活得安全一点儿。对于那一代人来说，生活并没有太多可供挑选的余地。对于什么是好，他们是有非常确定的想象的。

吃自助餐的时候，有的人精挑细选，也有的人会胡吃海塞，吃到胃里难受。后者多半还没有完全摆脱心理上的匮乏感。对他们来说，没有什么选择的余地，多吃就是王道。他们的假设是"多吃一点儿，才可以活久一点儿"。

在自助餐厅里，那不是什么理性的假设。但是换到一个食物匮乏的环境，那就是一种重要的求生策略了。也许我的父母，他们年轻时真正可以掌控的东西真的很少，看不见未来的路，听天由命，凭票分配，没有什么资源，也没有梦想，不敢下海，不懂得理财，牢牢地抓着一个铁饭碗，吸收不到更多信息，也不敢相信已经脱离险境。对他们来说，早睡早起就是生存的唯一正道。

日出而作，日落而息。每天起居规律，好像唯有如此才能维持某种恒定感，活着就好，并不遗憾。等着孩子一天天长大，像农民守候麦子成熟一样。

二

这样一想，我就可以理解上一代人了。

我理解他们为什么恨铁不成钢地说："你怎么这么没追求！"

我理解他们看不惯我的"折腾""胡思乱想"。

我理解他们总是担心我的健康、我的前途会被我吊儿郎当的个性毁掉。

我也理解他们有时候责怪我太马虎，不用心，做不好一个父亲。我在我女儿这么大的时候，被迫认识了全套汉语拼音、几百个字，背好多首唐诗，好像还会 20 以内的加减法。而现在我什么都不教给孩子，哪怕我一整个晚上都在玩手机、玩游戏。"你这样怎么行，太不负责任了。"我终于理解了他们的忧虑。

可是……我就是不担心啊。

这不能怪我。只能说我生长在一个相对丰饶的环境里，很少体验到匮乏的滋味（这正是父母用他们确定的努力为我争取的），就不觉得生活可怕。虽然健康、财富、孩子、事业……一切都有变数，但都没有那么值得担心。

我不需要抱着"唯一正确"的生活方式来应对生活本身。

我躺在床上的时候，可以工作，可以看书，可以看视频，可以在群里聊天，也可以发呆，如果困了当然也可以睡。每个选择都不错。有时候我反而不知道应该干什么……而正是通过这种迷惑，我才确认了我的自由，我并不必按照给定的模板或规则来定制我的人生。也许是为了确认这一点，我才久久不睡。

有时候我也站在床前，看着女儿歪七扭八的睡相，想起我小时候的那些条条框框。对下一代的孩子来说，出生在一个更加不同的环境里，恐惧更少，自由更大。我忍不住想：长大以后你是什么样？会比现在的我更迷惑吗？

我猜，我的父母看到这一幕，一定会微微摇头喟叹："这些乱七八糟的东西，想它干啥！快睡！"我理解，但也特别想抱一抱他们，说声"谢谢"。

▷ **我们真的可以挣脱原生家庭吗？**
"代际传递"，我们可能意识不到我们身上有多少东西来自父母。

一

我有很多来访者，跟原生家庭的关系处不好。

"原生家庭"甚至已经变成了某种"病态"的代名词。我的一个来访者向我抱怨他和父母旷日持久的战争，从小时候一直打到现在。父母做的每一件事都是他的反面教材，他们的一切主张都是过时的、保守的、有害身心的。

"他们非常抠门，什么东西都用最便宜的。"我的来访者说，"现在他们还是一跟我逛街就唠叨。我跟他们不一样，买东西我就只买最好的。"

他自认为是代表先进文化的一代。

我问他："你是什么时候觉醒的？意识到自己要过跟他们不一样的生活。"

"从记事开始，我就跟他们不一样。"我的来访者骄傲地宣称。

看起来，他小小年纪，就变成了家庭里的"革命先锋"。我好奇的是，他是怎么发生变化的，是灵魂深处的自然觉醒，还是外部环境培养使然？

"没钱也就算了。他们明明有钱，还要那么委屈自己，这不是有病吗？"

"你怎么知道他们有钱？"我问。

"我就是知道。"我的来访者说，"这不是重点。重点是，他们的这种方式严重伤害了我的自尊。坐公交车，他们会为了我要不要买票的事跟售票员吵架，就为了省几毛钱！他们还会要求我故意弯着腰，装得个子矮一点儿……"

他滔滔不绝地抱怨。但是，被他轻轻带过去的部分才是重点。

"你怎么知道他们有钱？"我又问了一遍。

来访者愣了一下："他们自己说的吧。怎么了？"

"他们为什么这样说？"我追问。

"顺嘴说的吧。"我的来访者不理解我问他这些干吗，"有时候我妈妈会怪我爸爸，说他又拿了多少多少奖金，都不舍得给我买件新衣服。这时候我就会知道他们其实是有一些钱的。嗯，其实我妈妈自己也不舍得买啊……"

他说到了真正重要的部分。他变成今天这样，来自父母潜移默化的灌输。

妈妈的抱怨，悄无声息地从孩子的耳边滑过，作为生活的默认设定。甚至于孩子都没有意识到它的存在。但他从此知道，现在不应该是生活最理想的状态。于是他才开始反抗——反抗的愿望，是从上一代那里继承来的。

"看来，你父母知道自己抠，而且也不愿意自己过成这样。"我说。

"他们不愿意这样？"我的来访者无法接受，"不不，我看他们挺愿意的！"

我看着他，他的眼神里闪过一丝犹豫。

"也可能啦……"来访者嘟哝了几句，不得不承认了这个事实，"你这么说也有道理，至少我妈是会抱怨我爸啦。嗯，可能她是不愿意。但是，既然不愿意这样，为什么不改一改呢？而且，最过分的是，现在明明是我花自己的钱，我买一个贵点儿的礼物，或者带他们出国旅行，他们都不领情！"

我说："他们不领情，是因为他们不允许自己过得这么奢侈。但在他们内心深处，他们是没有被满足的。他们也有一部分挥金如土的欲望。"

我的来访者歪着头："是吗……我从来没有从这个角度想过。"

如果父母一代完全认同了"抠门"的生活方式，内心丝毫没有抱怨的声音，孩子就会安于这样的生活，他相信生活就"应该"是这样的。现在他之所以不满，是因为他从小就认定生活"不应该"如此。这种认识，往往是对父母的继承，而不是反叛。某种意义上，孩子在替父母实现他们那些未曾实现，不允许实现，甚至不允许自己承认，但又真实存在于心底的对生活的野心。

在心理学里，这叫"代际传递"。

二

我们可能意识不到我们身上有多少东西来自父母。

我有一个朋友，从小被父亲打。这段经历对他伤害很深，他痛恨父亲。后来长大了，父子俩几乎形同陌路，一年也见不上几面。有一天跟我们聊到他父亲，朋友咬牙切齿，说他就是一个浑蛋，一事无成，只会在家人身上出气。他从小就立志要跟这个男人不一样。他说小时候父亲一边揍他，一边骂他没出息，他默默忍受着，心里发狠："等老子将来有出息了，绝对要报复……"

我打断他："你怎么会想到自己将来要有出息？"

这跟我问那个来访者的问题如出一辙。

我的朋友愣了愣："我……我就那么觉得啊。"

那天聊到后来，他哭了。他意识到他一直活在父亲的阴影之下。当父亲骂他没出息的时候，其实是在说"你必须是个更有出息的人"。好也罢坏也罢，他就这样当真了。这么多年来这就是他的信仰，即使在他最不顺利的时候，他也相信那只是暂时的怀才不遇。他常常心怀不满，因为他总想飞得更高。

他忽然意识到，这一切跟父亲有多么相似。

绝大多数的年轻人相信，自己生活中的前进方向是生而有之，不言自明的。他们很小的时候，甚至远在自己学会思考之前，就踏上了与父辈分道扬镳的路，却从未想过那个方向是谁暗示给他们的。这真是让人唏嘘的遗忘。

前几天看到罗玉凤的文章，说她不认命。她出身贫寒，妈妈一直劝她接受现实，而她一心想追求更大的世界。姑且不论她做的事是否值得被原谅，很多人为她点赞，就说明这种说法戳中了不少人的痛点。但文章没有提到，为什么一同长大的人，只有她那么不甘心认命？跟别人相比，她有什么特别之处吗？以至于她那么拼命地想要挣脱家庭的束缚，甚至不择手段地做了那些事。

那么强烈的不甘心，不是无中生有的。

还得说回她所厌弃的、努力想摆脱的家庭。

她以为自己跟家庭的态度不一样。每个走出来的孩子，都以为自己是家庭的革命先锋。家人只会拖后腿："你认了吧，这就是我们的命。"但透过字面含义，那句话其实是在暗示："这是屈辱的、不公平的、悲惨的命。"所以劝你认命，恰恰是在说"不要认命"。真正认命的人，便无须劝人"认命"。

三

父母对孩子的影响，孩子常常感觉不到。孩子对父母的继承，父母自己有时也辨认不出来。

像我的来访者就问我："我花自己挣的钱，他们凭什么不允许？"

我说："他们可能在你身上看到了他们自己。"

我的来访者很难想象："可是他们跟我完全不一样！他们过得那么节俭。"

他看不到父母那一代人的纠结。之所以用了那么大的力气克制，恰恰是因为内心不被允许的欲望太强。通过反向的作用力，他们把孩子培养成了自己向往的样子，同时又是自己所害怕成为的样子。仿佛一出滑稽的闹剧。

两代人大部分的冲突，争吵也好，仇视也好，相互决裂也好，都是换了一种形式的传承。对原生家庭愤愤不平的年轻人，意识不到自己的反叛有多少来自原生家庭的栽培。反过来，恨铁不成钢的上一代看不惯后辈的独立，却并不自知，真正看不惯的，也许只是孩子身上那些自己不敢面对的愿望。

你呢？你从父母身上继承了什么？又把哪些期待传递给了下一代？

▶ **我们能帮孩子制造"主动性"吗?**
孩子主动做什么,只能听从孩子本身。大人唯一能管好的只有自己。

一

当父母的人,有时候对孩子难免会有"恨铁不成钢"的感觉。
"你怎么就不能主动一点儿呢?"
"你看人家谁谁谁……"
"你把打游戏的热情拿出十分之一用到学习上来就好了!"
"不能老待在家里,你要多跟人接触!"
"你怎么就不把练琴当成自己的事呢?催一次练一次!"
有时候父母也觉得很累,觉得自己像一头辛辛苦苦的老牛,拽着一辆连轮子都没有的破车(不,这还不是最糟的情况,或许是拽着一匹活蹦乱跳地向相反方向刨蹄的小马），全靠自己拖着往前走。父母希望孩子主动走起来。

但，这其实包含了一个悖论。

父母在向孩子提要求。一旦孩子满足父母的要求，孩子就不是"主动"的。妈妈说："去学习。"孩子去学习了。妈妈叹了口气："为什么每次都是我叫你去学习你才去？我希望你以后学习是出于自觉，而不是为了满足我。"这番话乍一听没毛病，但正是它把妈妈置于"不可能"的两难境地。

孩子怎么样才可以满足妈妈呢？

如果孩子不想满足妈妈，他显然不能满足妈妈。如果他想满足妈妈，他只有学习，但那是"为了满足妈妈"而学习，同样也不能满足妈妈。

他可以学习，但他永远变不成一个"主动"学习的人。

心理学家瓦茨拉维克在《改变：问题形成和解决的原则》一书中写道，"主动起来（Be spontaneous）"的要求，是日常生活中最隐蔽也最随处可见的悖论之一。它的内容和形式是刚好相反的。它对一个人提出要求，而要求的内容是不要遵循要求，这使得所有遵循要求的尝试都变成了另一个层面上的违背。

二

成年人的关系也会卷入这种悖论。一个经典的讽刺漫画一般的场景就是，妻子拧着丈夫的耳朵："以后给我有骨气一点儿！像个男人一样！听见没有！"丈夫忙不迭地答应："听见了，听见了……"

情侣之间闹别扭。一个说："你要我认错，我都已经认错了。"另一个说："但那是我要你认错你才认错的，不是发自内心的认错。"第一个人说："怎么做才是发自内心的？"第二个说："我告诉你了你再做，那就不是！"

这些例子里都包含着同样的悖论：妻子可以逼着丈夫发出100次保证，但丈夫还是不可能"真的"有骨气；情侣也可以收到100种认错的表达，但不会有哪一种可以让他相信对方是"发自内心"。

他们在提要求的同时，已经注定这要求是无法满足的了。

这种悖论意味着什么呢？

意味着一个很难接受的事实：

大多数对别人的叮嘱、规劝、训诫，只是在做无用功。

所有涉及"主动性"的要求，类似于热爱、兴趣、自觉、投入、坚强、勇敢、积极、乐观、踏实、放松、努力、专注……都是无法实现的悖论。

因此，聪明的父母在教养孩子时，只针对具体的任务提要求。每天做多少功课，完成多少家务劳动，花多少时间练琴，都变成具体的规则。你愿意也罢，不愿意也罢，反正你必须遵守。当然，具体操作起来还需要技巧，也许没有那么简单。但最起码从逻辑层面上，这样的要求总是可以实现的。

如果都能这样，省去了多少纠结。

三

很多父母不满足于此，或者，他们也不情愿用强制性的手段来达成目的。他们希望孩子跟自己一条心，"不待扬鞭自奋蹄"。尤其有一些任务，似乎也必须有更多的"主动性"才能做好。比如，你是可以要求孩子每天写一篇作文，但如果他自己不愿意，你也很难强制他把心思花在这上面。能监督的只有工作量，很难定义他们用没用心。要是父母说："不行，这篇我觉得不用心，重写！"孩子就会想："怎么写才会让你们觉得用心？"这又陷入了前面的悖论。

有人还会试图寻找：真的没有办法能让别人"主动起来"？

于是也就有种种"办法"应运而生，教你怎么耐心，怎么感化，怎么讲道理，怎么做工作，怎么转换视角，怎么用游戏的手段培养兴趣……不同的教育家比较各种方法的优劣，核心只有一个：我们是可以制造"主动性"的。

我们试图让自己相信，让孩子"自发地"听从我们的希望是有可能的。

甚至，等到孩子长大以后，他们自己也会试图相信：自己可以"主动起来"。他们会像自己的父母一样，恨铁不成钢，一遍遍在头脑中敲打自己："你怎么这么懒散呢？""你为什么会对工作没有兴趣呢？""你怎么就不能像别人一样，发自内心地热爱这件事呢？"当他们发现自己无论如何都没法要求自己"主动"之后，他们宁可相信自己是得了病，或者是堕落了，给自己找一些类似于"拖延症""意志力缺乏"的诊断标签。他们还会用同样的方式要求他们的孩子："喂，你对学习不够主动啊！你拿出一点儿主动性好不好？"

很难真的接受：悖论，就是不可能。

作为一个心理学的写作者，我也不愿意承认这一事实。这意味着我每写一篇教育类的文章，都面临比其他人更大的挑战。我永远不会把"培养兴趣"之类的话挂在嘴边，我也不会假定："你一定有办法把孩子变成你想要的样子。"你要求一个人做你要他做的事，容易。你要求一个人做他自己，也容易。但要求一个人以"做自己"为前提来达到你对他的要求，不可能。

不是难，不是做不到，而是不可能。

不是态度上的不可能，不是技术上的不可能，而是逻辑上的不可能。

四

父母想让孩子具有"主动性"，在逻辑上是悖论。世界上有一些让人羡慕的父母，他们的孩子可以很有主动性地学习、工作，发展自己。父母不需要提什么要求，孩子就能照父母期望"自发地"生长。这些父母只是运气好吗？他们为此做了什么事呢？

有人主张："大人以身作则，孩子从小模仿。"

也有人说："浸泡式教育，让孩子从小就在理想的环境中潜移默化。"

有人提出一种策略："父母不插手，把一件事变成孩子自己的事。"

还有人很哲学："什么都不做，只是等。"

这些说法都对，也都不对。说不对，是因为这个题目的问法就有陷阱。每个答案都很好，但如果父母以让孩子"满足自己期望"为目标，而设计一些方法，那么这些方法越是成功，实际上越是妨碍了孩子"自发地"生长。

所以，父母还能做什么呢？

破解这种逻辑悖论，需要一点儿脑筋急转弯式的智慧。

答案是：父母调整自己的期望。

不是让孩子符合自己的期望，而是让自己的期望符合孩子。不是画个圆心去打靶，而是打完之后再画圆，每个人都可以是百发百中的神枪手。

会不会有一点儿大失所望？

然而，这个答案不是我信口开河。《道德经》里就已经写过这样的智慧：

"太上，不知有之；其次，亲而誉之；其次，畏之；其次，侮之。信不足焉，有不信焉。悠兮其贵言。功成事遂，百姓皆谓'我自然'。"

翻译一下，这段话的意思是：

"最好的领导者，被领导的人并不知道他的存在；其次的领导者，被领导的人亲近他并且赞美他；再次的领导者，被领导的人畏惧他；最差的领导者，被领导的人看不起他。你不信任别人，就会失去别人的信任。有的人悠然自在，很少说什么，事情自然就办好了。老百姓还说：'我们本来就是这样的。'"

如何，是不是跟当父母的感觉很像？

要让孩子有"我自然"的体验，做父母的人只要做到"悠兮其贵言"就好。很多东西是自然而然的，无须人为施加干预。就像饿了自然会吃饭，困了自然就想睡觉，孩子的好奇心、求知欲、对他人的关切、想让别人认可自己的愿望……都是与生俱来的。换句话说，你什么都不用做，孩子就有了。

主动性不用培养，它自然而然就在孩子身上。

你需要培养孩子的好奇心吗？不用！TA从能说话开始，就不停地问你"为什么"，问到你头疼。你也不用担心孩子对生活没有兴趣。男孩子看到汽车就会两眼放光，女孩子抱着洋娃娃爱不释手，天性如此。你给他们一盒彩笔，他们就想在纸上涂涂抹抹。你把他们带到海边，给个小桶和铲子，他们就伴着沙和海水从下午玩到晚上。孩子们的主动性天然俱足，你什么都不用做。

想一想，这个过程是不是很美妙？

但你可能更疑惑了："话是这么说，但孩子们天性不一样，也不是个个生来都那么好吧？像我家孩子，我什么都不做，他也不会喜欢学习。"

对这个问题，要从两方面看。一方面，孩子的神经类型不同，感兴趣的领域多少也有些不一样。另一方面，这些父母也不是真的什么都不做。他们很可能做了一些事——也许自己并没有意识到——打击了孩子的主动性。

打击的根源，来自于大人的失望。因为孩子所表现出来的状态，未必是父母这一刻想要的。有时候大人会控制不住把这种失望表现出来。

当孩子玩得很投入的时候，大人一脸嫌恶地说："玩玩玩！一天就知道玩！学习的时候你怎么没有这个劲头！"

也有时候，父母看似兴奋地鼓励孩子："哇！这幅画画得好棒！再接再厉！"而鼓励的背后，带着一种淡淡的遗憾。潜在传递出来的信息是："我们表现得很夸张，只不过是看在你还小的分儿上。实际上，这幅画还不够好。"

这些时候，你都会看到孩子眼中的光黯淡下去。

还有的时候，父母早早地就给孩子贴上了标签："我们家孩子不喜欢学习"。他们每一次用这个标签，就把这个印象在孩子心中加固了一分。

他们可能以为自己"什么都没做"，但他们无形中做了很多。

要做一个"悠兮其贵言"的父母，绝不简单。

并不是放任自流地"什么都不做"，他们时时刻刻都在调整自己的期望。

一旦调整了自己的期望，父母就会更多地从孩子身上发现让人振奋的东西，哪怕孩子在"不务正业"，父母也会从中看到孩子的好奇心、创造力，或是善良的品质。他们不会在孩子玩游戏打破纪录的时候嗤之以鼻，反过来又教育孩子"在学习上要勇于进取"。他们欣赏孩子的作品，看到的不是距离他们理想中的完美作品还有多远，而只是去欣赏这个作品本身。他们很少贴标签说："孩子不喜欢学习"，因为他们知道，学习"很大"，他们总有相对喜欢一点儿的科目。或者，在一个科目里会有相对喜欢一点儿的章节。或者，孩子此刻不喜欢，是因为他还有更喜欢的东西。孩子都喜欢玩耍呢，谁说玩耍不是一种学习的方式？

　　孩子还是那个孩子，观察的角度不同，看到的就会不一样。

　　而父母看到得越多，也就越懂得节制，不去干预孩子自己的生长空间。

五

　　只是，有多少父母会做自己的功课？

　　我的一个老师，她在女儿四五岁的时候，就让女儿踩着板凳跟她一起做饭。她给女儿一把水果刀，让女儿帮忙切番茄、切香菇，到后来就切越来越难的菜。十年过去了，女儿越来越能干，而且一次也没有受过伤。

　　"你怎么做到让她那么小心的？"我们问她。

"我不用做什么啊,"老师说,"我告诉她,你一定舍不得切到自己的。"

"但是你不害怕吗?"我们问,"毕竟是那么小的孩子。"

"那么小怎么了,小孩子就不会保护自己吗?"老师笑眯眯地说,"你如果在心里认定,小孩子做不到,她或许就会如你所愿地切到自己。"

不过,虽然也觉得有道理,但我家孩子五岁了,我们还是不敢让她进厨房,碰刀子。"她万一做不到呢?"这样的期望在我心里挥之不去。

但我知道,如果以后有一天,我的孩子对做饭缺乏"主动性",原因大概就在这里,我不会去羡慕别人家孩子为什么有那样的"主动性"。

养孩子这件事,永远没有一个标准答案。

只有一点毫无疑问,就是孩子主动做什么,只能听从孩子本身。大人唯一能管好的只有自己。这最简单,也最不简单。不管做父母还是别的什么,你对自己理解得越透彻,就越是有可能"功成事遂""百姓皆谓'我自然'"。

▷ 我压根儿就不信"丧偶式育儿"那一套
如何让家庭重新"发现"父亲的存在？

一

网上有很多关于父亲角色的吐槽。有一个新词叫"丧偶式养育"，抱怨那些当父亲的人，要么忙于工作，要么耽于玩乐，在家庭生活尤其是教养孩子上面，在和不在一个样。照顾孩子几乎变成了妈妈一个人背负的重任。

作为一个家庭治疗师，我也谈谈自己的经验。

我们在咨询室里接触的家庭，一般来说，是属于"问题"比较严重的家庭了（通常这些问题都表现在孩子身上）。我们通常会要求全家人一起参与咨询。在咨询过程中，父母双方的表现往往就像网上的吐槽和段子一样：

妈妈是热情的、投入的，坐在孩子身边，表现出强烈的关心。她是这个家庭的发言人，大部分的时候都是她在说话，不时给爸爸一个白眼。

爸爸也配得上这个白眼。他总是坐得很远。除非问到，否则从不主动开口，一脸"不关我事"的超然姿态。时不时地掏出手机，不知道处理什么军机大事。恐怕，如果不是我要求全家参与，爸爸从一开始就不会出席。

果然，到商量下一次会谈时间的时候，爸爸翻着手机："下周一加班，周二有饭局，周三开会……再下周要去欧洲，要不就他们俩过来吧。"言下之意，"我出钱就够了"。

"丧偶"这种比喻，并非没有道理。

但这个比喻经常传递给家庭一个信息："父亲是不存在的。"这个信息对家庭（尤其对孩子）来讲，是一种严重的误导，既不准确，也会造成不必要的困扰。家庭治疗师面对的挑战是，如何让家庭重新"发现"父亲的存在。

是的，重点是发现，而不是"创造"。

因为——父亲本来就是存在的嘛。

二

一种做法是，直接对家庭说："对这个问题，妈妈的态度比较着急，爸爸的态度比较淡定，这会不会是在传递什么不同的信息？"这种说法的好处是，直接跳过"父亲不存在"的消极暗示，把父母双方放置在同一个高度进行比较。爸爸的沉默并非代表他不存在，他始终存在，而且在用这种特殊的方式表态。在这个家庭里，他从来都是——并且一直会是——跟妈妈同等重要的一方。

另一种做法则是对爸爸发起邀请："妈妈的态度很着急，爸爸坐得比较远，有没有看到什么不同的东西？爸爸是怎么看待这个着急的？"其实还是把父母放置到一个高度来展开讨论，邀请爸爸提供妈妈看不到的东西。

而家庭（由妈妈代言）常见的反应是：

"他？他能有什么想法！"

"别问他了，他懂什么！"

"爸爸恨不得家里什么事都不要烦他。"

"他才不是淡定，他只是不关心。"

家庭会坚持无视爸爸的存在，有时候爸爸本人也会认同这一点（默默地躲在角落里，你问他的时候，他就像个机器人一样嗯啊两声）。家庭的惯性思维是：别考虑爸爸的存在了，他根本不重要。你看吧，他什么都不做。

然而，正如保持沉默也是在表达一种态度，什么都不做的人恰恰正在彰显一种"存在"感。家庭治疗师不妨接着他们的话，继续问："爸爸这种不作为的方式，对家庭来说意味着什么呢？孩子怎么看爸爸的不作为？"

要知道，保持"不作为"也是一种"作为"，坚持这么做是有意义的。"爸爸几十年如一日地不作为，是在用这种方式对家里表达什么？"

重点是，假如一个家庭的态度是"别考虑爸爸的存在了"，这种态度，其实就是他们对爸爸视而不见的根源。一旦外人认同了这份态度，相当于戴上了这家自制的一副特殊眼镜，从那里面看到的，爸爸就是一个透明人。

三

我拒绝戴上妈妈递来的这副眼镜。

而且，在我的坚持下，就可以有人摘掉眼镜，看出爸爸的态度在家庭中也有一席之地。

或许爸爸是在表达："事情哪有那么严重，不值得每个人都扑上去。"这在某种意义上引入了一种轻松的立场，避免火上浇油。

或许爸爸是在表达"我的意见根本得不到你们的认可，我不如躲远一点儿"。这是在暗示他对养育有不同的想法。

或许爸爸是在表达（在孩子看来）"我不喜欢你们，你们的生活方式我不赞成"。这种情况下，他的存在为家庭增添了一个无形的监督者。

也有可能，爸爸表达的只是："养孩子的事我不懂，我只管好好工作，给你们多挣钱就好。"这也是一个重要的立场，告诉这个家庭，他并不擅长情感的沟通，但他可以负责提供物质上的保障（也许在他看来，那才是支撑一个家庭的基础）。

要坚持这样的对话很不容易。很多时候，会被妈妈当成是"洗地"。妈妈会很委屈：明明这个男人什么都没做，明明都是我一个人在付出、在牺牲，为什么你话里话外总还是让他跟我平起平坐？他值得吗？他配吗？

我理解妈妈的委屈，但还是要坚持。

否则，像一些不懂行的咨询师（业内戏称为"居委会阿姨"），会站在妈妈的立场上，把矛头对准爸爸："真是的，看你老婆多不容易！你怎么就不能多帮她一点儿呢？"——这种话怎么可能有用？这只不过是变成了妈妈的外援，共同指责爸爸，强化了他"不作为"的标签，越发把他推远，让他出局。

四

在实际工作中，我们常常看到，爸爸正是这样被全家人一点儿一点儿推开的。

当爸爸说"下周我要出差"的时候，我会说："那我们推迟一周，再下一周见面？"妈妈比较性急，会说："下周就我和孩子两个人过来吧！"

这时候不要急着答应。因为妈妈的潜台词是：爸爸来不来都无所谓。

我会说:"不行,全家每一个人都很重要。"

在我的坚持下,爸爸说:"我用视频远程参与,可以吗?"

当然可以啊!问题解决。

在外人看来,这本来是很简单的事,只要稍微商量一下就会有办法。但妈妈往往错过了商量的空间,她们的习惯是顺水推舟:你忙,那你忙去吧,反正你也不重要。有趣的是,她们同时又在抱怨:"爸爸参与得太少了!"

只差一点点,她险些又制造了一个证据。

如果只是想抱怨男人,就告诉自己(也告诉他):他不重要,没有也行。但如果真的想让他多参与一点儿,就必须承认:他很重要,没有他不行。

有一次,我跟一个家庭无论如何也安排不好下次见面的时间,爸爸非常忙,未来几周排满了会议和航班。妈妈已经死心了:"就让他缺席这一次吧,这一次真的没关系。"爸爸也频频点头,不断地看着手表,准备结束谈话。

我终于让步了:"好吧,那下次的谈话能录音,请爸爸抽时间听吗?"

爸爸和妈妈都瞪大了眼睛。爸爸说:"需要吗?"

妈妈摇头:"录了他也没时间听。"

爸爸说:"是是,项目都排满了……"

我说:"要不要听,这是爸爸的选择。但是我们这个家庭会谈中的每句话，要让爸爸有选择要不要听的权利。毕竟他是这个家里的一分子。"

我又对爸爸说："这样，至少我们就不敢在背后说你坏话了。"

大家都笑起来。爸爸自嘲地挠头："他们在背后说我的坏话还少吗……"

那段谈话意外地成了整个咨询的分水岭。爸爸是一个大公司的高管，每次咨询时都在一心多用。从那次以后，他参与得越来越积极，不能当面参加就用视频，从来没有缺席过。妈妈认为他不会听的录音，他也听完了。

我用了什么手段吗？做了感人肺腑的思想教育？并没有。我做的事很简单，就是当妈妈认定"爸爸在不在都没差别"的时候，我没有听她的。

我本人是一个爸爸，所以我压根儿就不信"爸爸天生对家庭没有兴趣"那一套说法。我相信，家庭当中发生的每一件事都是合谋的。如果爸爸表现得很冷淡，那不仅是爸爸本人的选择，背后多少也体现了妈妈和孩子的意志。

所以，如何在家庭里发现父亲的存在呢？

答案很简单：只要这个家庭愿意承认，并正视"父亲"的存在。

这样写，可能很不好看。如果这篇文章写成《爸爸们都死到哪里去了？》或者《永远不要对男人寄予任何希望》，点击量和转发率想必会高很多。然而，这就是问题所在——我们只是迎合了大家的情绪，并没有解决问题。

"他随便……"

"他在不在,反正都一个样。"

"爱来不来……"

"你以为男人有多重要啊!"

正是这些句子,制造和维持了很多"丧偶式养育"。这就是抱怨背后的问题所在:一方面抱怨对方没有存在感,一方面又拒绝看到对方的存在,甚至不愿意坚持让对方留下来,反倒挥挥手送他离开。以至于我们已经分不清:究竟是他们的远离导致了她们的抱怨呢,还是她们的抱怨导致了他们无法回归?

▷ **孩子有分离焦虑，大人也有分离焦虑**
焦虑背后，都隐藏着一种失落。

一

我现在还记得第一次去女儿的幼儿园参观。

那时候女儿还没上幼儿园，只是家长去报名，熟悉环境。我心想这就是女儿未来要待着的地方，就把教室仔细地看了一遍。看他们怎么上课的，在哪里吃饭，看他们睡觉的小床，连洗手间都看了看。莫名觉得有点儿难过。

我记得的一个细节是，架子上摆着一排一排小碗和小水杯，每一个上面贴着标签，写着小朋友的名字。孩子们不识字，这些标签显然是老师分发餐具用的。我脑海中浮现出一个场景：到了喝牛奶的时间，小朋友们排排坐好，老师把牛奶端到每一个人面前。我女儿就在他们中间，捧着杯子咕嘟咕嘟地喝。

现在呢，说不出那种感觉。但当时有一种说不出的悲伤。或许是矫情，但当时的确想过："她那么小，一个人怎么适应外面的世界啊！"

那大概是我第一次意识到，孩子要离开我了。

说矫情也是真的，因为又不是没有离开过，从前也是要上班的嘛。但是换个角度想，从前上班，孩子留在家里，由老人照顾着，那个世界是"我"为她精心安排过的。我清楚（或者我以为我能掌握）那个世界的风吹草动。但是幼儿园……那么小一个人，要独自去一个我所不能掌握的地方！

她在那里会经历什么？家里的很多生活习惯不适用了吧？

老师的脾气跟爸爸妈妈也不一样（但愿是往好的方向不一样）。

不知道她会交到哪些朋友。

她会喜欢做什么游戏？

摆在这里的玩具，以后她都会玩到吗？不知道她最喜欢哪一样呢？

她是不是具备了足够的生活技能？

她吐字那么含糊，别人听得懂吗？

幼儿园里也要上课，上课教什么呢？我们有没有漏掉什么？会不会有一天，她跟不上别的小朋友，是因为我们家长没有给她打好基础呢？

……

我什么都不知道。发生在这里的事，我一点儿都掌控不了。

我把墙上的《每日食谱》都拍了下来，拿回去仔细研究。但是除了"小家伙吃得比我还好"之外，也得不出什么别的结论。尽管如此，还是一个字一个字地看了好几遍，与其说是为了了解信息，不如说是为了安抚我自己。

牛顿物理定律说，作用力和反作用力是相对的。

父母离开孩子，孩子也离开了父母。孩子有分离焦虑，大人也有分离焦虑。我的体会是，那种焦虑并不只是某一种具体的担心（孩子想爸爸妈妈怎么办），在那些担心背后，还有一种更潜在、更深层、更难以言说的担忧——

"TA 要去往外面的世界了。"

那个感觉是空落落的，生命里有一块非常重大的东西就要离开了。

二

我们担心孩子一个人搞不定。我们用一个夏天的时间，跟孩子讲幼儿园的事；带孩子拍全家福，把照片贴到幼儿园的墙上；在衣服和书包上绣上孩子的名字；把她从小抱着睡觉的小熊带去陪她。做完这些准备，心里就踏实一点儿，仿佛那里便不算是一个全然陌生的新世界。有经验的邻居还提醒我们："找他们的老师，提前沟通一下感情，很有用！"（可惜，羞于社交的我实在做不到。）

我们是在安抚孩子吗？当然。但同时也在安抚我们自己。做到这些事，孩子去的地方就带有了一丝父母的气息。它就不再是"外面的"世界。

外面的世界是什么样？它很大、很嘈杂，好像也不太安全。

我有一个来访者，是单身母亲，自己开公司，事业做得很大，任何时候都是一副精明强干的企业家模样，唯独提到自己在上小学的儿子，就发愁得不知该怎么办：儿子过于要强，儿子缺乏进取心，儿子没有什么兴趣爱好，儿子太迷恋玩电脑……

我问她："你最担心的到底是什么？"

她说，担心儿子以后没办法在社会上立足。

我说："你留下的家业，也够他立足了。"

她正色说："那有什么用，他要是自己不行，内心也不会快乐。"

但她也说不出到底在担心什么。什么叫自己不行？行是什么样的？她本人也不是从一开始就"行"的，小时候也看不到今天的成就。为什么她儿子就不行？就算不行，为什么内心就不快乐？她觉得儿子会怎么不快乐？

她说不出具体的一二三，就是担心，怎么样都担心。

站在旁观者的角度，我很容易安慰她：不用担心，孩子们最终都会有自己的办法应付这个世界。再说了，他的条件可是比你小时候好太多了——但是，另一方面我也知道，那些焦虑并不会因为事实如何就完全消失。

哪有那么多可怕的事物呢？是我们自己焦虑罢了。

我女儿现在在幼儿园过得很好。除了早上不愿意起床，每天看着都很愉快，有自己的朋友，有喜欢的游戏，放学之后跟小朋友在院子里折腾到天黑才回家。跟我们讲最近发生的趣事，学来的怪话，我们已经越来越听不懂了。

我好像也接受了，她没有那么需要我们。

但我忍不住会想：这样可以吗？不会太松懈了吗？也许我该教她认字了。

我看到网上那些幼升小的试题，也在发愁。江湖上纷纷传言：等上了大班再开始准备，已经来不及了！学英语，学数学，学钢琴、绘画、围棋……有的孩子已经认识了上千个字。我女儿还什么都不会呢。我想，等她上小学以后，就要在那样的环境里（是的，传说中海淀区的小学），跟那些虎视眈眈、摩拳擦掌的孩子一起竞争了。她真的可以吗？她被比下去会不会难过……

然后我意识到，我又开始焦虑了。

我看到不远的将来，她离爸爸妈妈又会远一步。她离外面的世界越近，离我就会越远。她会成为一个小学生，然后是中学生，慢慢她就长大了。

三

在每一个非常明确的有具体指向的焦虑背后，都隐藏着一种失落。

我总觉得她还是那个躺在婴儿床上，除了哇哇大哭什么都不会，一切都仰赖我们的小宝宝呢。她怎么就背着书包蹦蹦跳跳地奔向一个我看不见的地方了呢？我望着她渐行渐远的背影，仿佛还没有来得及拥有她，就要失去她。

"渐行渐远"这四个字，是从龙应台那里学来的。她是这么说的："我慢慢地、慢慢地了解到，所谓父女母子一场，只不过意味着，你和他的缘分就是今生今世不断地在目送他的背影渐行渐远。你站在小路的这一端，看着他逐渐消失在小路转弯的地方。而且，他用背影默默告诉你：不必追。"

但是谁能真的忍住不去追呢？我们跟着一路小跑："慢点儿！前面危险……"

难道我们不知道，前面未必那么危险，而他们足以应付得来吗？

那都是父母的焦虑，与孩子无关。

有一些观点很正确的书和文章，告诉我们，要把这两种焦虑分开，"孩子在幼儿园适应得很好，倒是爸爸妈妈不一定适应"。我自己就是这一类观点的坚决拥护者。没事的时候心里不屑：现在的家长太焦虑了，何苦那么焦虑！看到同龄的家长们蹲在幼儿园门口，跟孩子生离死别；或者带着孩子在课外班之间赶场，每一个知识点都恨不得抄下来，回家再给孩子补习；又或者忧心忡忡地在论坛里讨论学区划分、重点学校的面试，都免不了在心里一笑而过。

但我知道，焦虑是父母天性中的一部分。

除此又能怎么办呢？我们担心他应付不来的那些东西，恨不得都由爸爸妈妈手把手教给他。明知道意义不大，也要扶着他送一程，再多送一程。这就是人性的软弱之处。总要再做点儿什么，仿佛就等于多陪了一段。就像孟郊的慈母手中线，衣服穿在孩子身上，也是为了让父母多一个念想啊。

也罢，想到这儿，准备开始教女儿认字了！